高手指引

Excel

函数与公式应用大全

案例视频教程（全彩版）

未来教育◎编著

中国水利水电出版社

www.waterpub.com.cn

·北京·

内 容 提 要

　　《Excel 函数与公式应用大全 案例视频教程（全彩版）》是一本以"职场故事"为背景，讲解 Excel 函数与公式应用技能的书。书中每一个小节都是以职场应用为场景，在对任务进行描述和思路剖析后，再图文并茂地讲解任务完成步骤。全书共 10 章，内容包括函数与公式应用基础、财务函数、逻辑函数、文本函数、日期与时间函数、查找引用函数、数据与统计函数等相关知识的讲解。通过对本书的学习，相信读者使用 Excel 函数与公式的水平能突飞猛进。

　　《Excel 函数与公式应用大全 案例视频教程（全彩版）》既适合被大堆数据搞得头昏眼花而不能完成工作、经常熬夜加班、被领导批评的办公室"小白"；也适合刚刚毕业或即将毕业走向工作岗位的广大毕业生；还可以作为广大职业院校、电脑培训班的教学参考用书。

图书在版编目(CIP)数据

Excel函数与公式应用大全：案例视频教程：全彩版 / 未来教育编著. —北京：中国水利水电出版社，2020.5

　ISBN　978-7-5170-7881-4

　Ⅰ.①E…　Ⅱ.①未…　Ⅲ.①表处理软件　Ⅳ.①TP391.13

中国版本图书馆CIP数据核字(2020)第165410号

丛 书 名	高手指引
书　　名	Excel 函数与公式应用大全 案例视频教程（全彩版） Excel HANSHU YU GONGSHI YINGYONG DAQUAN ANLI SHIPIN JIAOCHENG
作　　者	未来教育　编著
出版发行	中国水利水电出版社 （北京市海淀区玉渊潭南路 1 号 D 座　100038） 网址：www.waterpub.com.cn E-mail：zhiboshangshu@163.com 电话：（010）62572966-2205/2266/2201（营销中心）
经　　售	北京科水图书销售中心（零售） 电话：（010）88383994、63202643、68545874 全国各地新华书店和相关出版物销售网点
排　　版	北京智博尚书文化传媒有限公司
印　　刷	北京天颖印刷有限公司
规　　格	180mm×210mm　24 开本　12.5 印张　439 千字　1 插页
版　　次	2020 年 5 月第 1 版　2020 年 5 月第 1 次印刷
印　　数	0001—5000 册
定　　价	79.80 元

凡购买我社图书，如有缺页、倒页、脱页的，本社营销中心负责调换

不会函数与公式，怎能用好 Excel

真 / 实 / 故 / 事

　　Excel函数与公式就像智能手机一样，没使用之前，觉得自己不需要，可一旦用上，体会到了它的强大魅力，就再也离不开了。

　　刚开始工作的时候，和大多数人一样，小强将Excel当成数据录入工具。作为一名运营人员，除了需要统计大量的市场、销售等数据外，还要对数据进行不同层面的汇总分析，制作各种报表。随着工作难度的增加，小强的加班频率越来越高。

　　刚开始小强也抱怨工作量太大，直到他注意到了一个神奇的现象——同部门的赵哥，只比小强多工作一年，他的工作量是小强的3倍，却能准时下班！

　　小强百思不得其解，请教赵哥。赵哥告诉小强："与数据打交道，不会Excel函数与公式，怎么可能不加班？"

　　我是小强。之前我总以为Excel函数与公式这种功能是会计人员才需要学习的。

　　深入接触后，我才发现，其实行政、销售、运营等岗位的人，只要平日工作中涉及Excel，就有必要学习函数与公式。毕竟自动化办公、批量处理数据，谁都可能用到。

　　不过我能用好Excel函数与公式，还多亏赵哥的指点。赵哥的思路非常有用，按照他的思路，我每次都能圆满完成张总布置的任务。

小强

我是小强的上司。小强虽然从来不加班，却能按质按量完成工作。

我最欣赏小强的一点是，当工作量增加时，他能转换思路，去思考"为什么别人能高效完成工作，我却不能？"

最后小强找到了方法，将公式函数用得越来越熟练，我布置的工作任务再也难不倒他啦！

张总

我是小强的同事，自从我告诉小强不加班的秘密是使用Excel函数与公式后，他就开始频繁向我请教问题。

学习Excel函数与公式，首先要像小强这样没有畏难情绪，其次是要动脑思考如何将函数与公式和工作进行嫁接。有了这两个前置条件，玩转Excel函数与公式是迟早的事。

不过请教我可是有"代价"的哦，小强可没少请我吃饭！

赵哥

>>> Excel函数与公式神通广大，可是为什么很多人学不会？

刚开始学习时，小强也很怀疑自己能否学好Excel函数与公式，直到赵哥告诉他一些函数与公式的学习秘诀。

秘诀1：克服畏难情绪。英文不好也能玩转Excel函数与公式。只要具备初中英文水平，就能学好Excel函数与公式。

秘诀2：不用死记硬背。Excel有屏幕提示功能和函数参数编辑向导，可以帮助使用者快速调用函数。

秘诀3：学以致用。函数学习的要点，不是去记函数怎么写，而是记函数怎么用。每学习一个函数最好能与工作中的实际问题相结合，才能学得好、记得牢、用得上！

赵哥

赵哥说得对极了！我每次接到张总的任务，打开数据表，经过思考或多方求助，在使用函数瞬间完成运算的那一刻，感觉特别棒。

这种成就感让我在学习知识时获得正向反馈，从而鼓励我继续学习下一个Excel函数与公式。正是"学以致用"这个秘诀让我越学越好。看来我还得请张总吃饭，毕竟是他布置的"魔鬼"任务训练了我！

小强

看了小强的故事，你是不是也心里痒痒的，想赶快学几个函数来挑战一下张总布置的难题？

那就别犹豫了，快进入书中学习吧。让自己变成小强，像打怪升级一样解决各种表格难题。找不到解决方法时，快看看赵哥的思路。合上这本书之时，就是你成为Excel函数与公式应用高手之日。高效处理数据，对你来说就是小菜一碟！

前言

　　放眼职场，不少号称"熟练应用Excel"的人却用不好函数。你是其中一员吗？面试时被HR问起"你具体会用哪些函数？"你哑口无言；面对一堆数据，想进行数据分析与提取，你一筹莫展；接到领导安排的任务却苦于不会批量运算，你不知所措。

　　函数于Excel，犹如翅膀于飞鸟。不会函数与公式，怎能在职场中展翅高飞？怎能用1分钟解决别人1小时的难题？函数再难也没有加班熬夜难，没有升职无望难！更何况真相是，函数很简单，只要学会函数编辑法，再结合自己的需要，从400多个函数中挑选使用频率最高的几十个函数，掌握经典用法，就能让自己的Excel水平更上一层楼。

　　《Excel函数与公式应用大全 案例视频教程（全彩版）》宗旨是"不用死记硬背，玩着学函数"。以职场真人真事——小强在工作中使用函数的趣事为切入点，将函数结合具体的工作任务，用漫画的方式进行讲解，让读者跟随小强的心路历程，不知不觉成为函数高手。

本书特点

1 漫画教学，轻松有趣

　　书中将小强及身边的真实人物虚拟为漫画角色。通过人物对话，体现函数相关的职场任务，以及用函数解决难题的思路。让读者朋友在轻松、有趣的氛围下学习，学会不同函数的使用技巧。

2 真人真事、案例教学

　　书中每一小节，均是真实的职场场景。在对任务进行描述和思路剖析后，再图文并茂地讲解任务完成步骤。全书共包含100多项Excel任务，每项任务对应一个经典的函数问题。读者朋友完全可以将任务中的技能方法用到实际工作中。相信读者在攻破这些任务后，Excel函数使用水平能够突飞猛进。

3 思维导图，拆解函数

很多人学函数学不好，最大的问题就是不理解函数背后的逻辑。本书针对较复杂的函数，以思维导图的方式展示出函数的运算逻辑，让读者看懂、学会、能用。

4 只学精华，学了就用

Excel的函数有400多个，但是这些函数在职场中并不会全部用到。学习函数的目的是提升工作效率，工作中用不到的函数，学了也容易忘记。本书内容结合真实职场，精心选取经典函数，保证读者朋友学了都能用。

5 技巧补充，查缺补漏

Excel函数知识是一环扣一环的，为了巩固所学的技能，书中穿插了"温馨提示"和"技能升级"栏目，及时对当前内容进行补充，避免读者朋友在学习时走弯路。

赠送 学习资源

本书还赠送有以下学习资源，多维度学习套餐，真正超值实用！

>>> 1000个Office商务办公模板文件，包括Word、Excel、PPT模板，拿来即用，不用再去花时间与精力收集、整理。

>>> 《电脑入门必备技能手册》电子书，即使你不懂计算机，也可以通过本手册的学习，掌握计算机入门技能，更好地学习Office办公应用技能。

>>> 12集电脑办公综合技能视频教程，即使你一点基础都没有，也不用担心学不会，学完此视频就能掌握计算机办公的相关入门技能。

>>> 《Office办公应用快捷键速查表》电子书，帮助你快速提高办公效率。

温馨提示：

① 读者学习答疑QQ群：71891179

②扫码关注右侧公众号输入"GS77814"，免费获取海量学习资源。

目录

CHAPTER 1
公式，远比你想象的更简单

CHAPTER 2
函数，掌握秘诀轻松搞定

CHAPTER 3
数组公式，让效率升级

CHAPTER 4
财务函数，再也不算糊涂账

CHAPTER 5
逻辑函数，让你的表格会思考

CHAPTER 6
文本函数，让表格内容听话

CHAPTER 7

日期与时间函数，严谨的表格就要分秒不差

7.4 星期和工作日统计，把一周安排妥当

7.5 时间计算，精确到分秒很简单

CHAPTER 8
查找引用函数，将表格变成智能数据库

8.1 引用函数，轻松调取数据

8.2 学会查找函数，就不怕表格数据多

CHAPTER 9
数学与统计函数，得出数据规律

CHAPTER 10
精益求精，职场人技多不压身

10.2 10个公式函数应用技巧，学了就忘不了

高手指引 EXCEL函数与公式应用大全 案例视频教程（全彩版）

CHAPTER 1

公式，远比你想象
的更简单

在工作中，我会使用Excel记录数据、绘制图表，还会使用透视表及分类汇总工具。可是说到公式，我却是个门外汉。

不是我不想学，而是我不知道从何学起。因为对公式有畏难情绪，我总是逃避，结果是我花了更多的时间来处理报表。

最后"逼不得已"，赵总让我做的报表数据实在太多了，如果不用公式，我恐怕完成不了工作任务了。谁知在赵哥的帮助下，我才发现，公式居然这么简单，真是相逢恨晚呀！

小强

只要花时间学习，人人都能学会如何使用公式。更何况，只有学好公式，才能进一步掌握函数。如果不会Excel函数与公式，职场加班肯定少不了。

公式就是Excel计算数据的等式。只要明白公式的编辑方法、运算规则、错误处理，就会发现应用公式统计数据真是太简单了。

赵 哥

1.1 打败公式这只"纸老虎"

小 强

赵哥，我现在处理张总交给我的数据报表越来越吃力了，看来我必须学会用公式来提升效率了。

可是学习公式，要从哪里开始呀？请你指点我一下，让我开个头。

你呀，就是把公式想得太复杂了。只要你没忘记小时候学过的加减乘除四则运算，就一定能学会公式。

换句话说，**公式就是在表格中进行数据运算。** 只要明白了在Excel中应该如何实现数据运算，你就学会了公式的使用。

 什么是公式？一学就会

赵哥

公式是以【=】开始，结合运算符、函数、参数等对数据进行运算的等式。 因此，只要理解在Excel中公式的运算机制，就可以将数学运算转换到表格中，从而实现公式运算了。

Excel中的数据是记录在单元格中的，因此要对单元格中的数据进行计算，就要学会引用单元格，通过引用单元格，再结合运算符等元素就可实现公式运算了。

如图1-1所示是计算利润的思考过程。

表格中已经输入了商品的进价、售价、销量，要计算利润，可以通过简单的运算规则得出公式：利润=（售价-进价）*销量。

将公式中的参数换成数据所在的单元格，就称为单元格引用。单元格的引用名称是由列标及行号组成的，例如【进价（元）】所在的单元格为【B2】单元格。

按照这样的思路，在【E2】单元格中输入【=】，再输入公式后面的内容，就可以完成计算了。

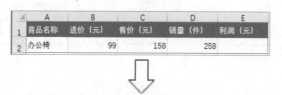

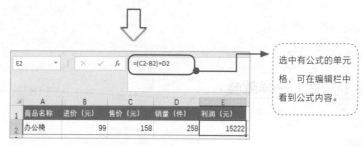

利润=（售价-进价）*销量

利润=（C2-B2)*D2

选中有公式的单元格，可在编辑栏中看到公式内容。

图1-1　计算利润

1.1.2　公式编辑4大技术

小 强

　　原来公式比我想象得简单多了，我已经迫不及待地想要应用公式了。赵哥，你快教教我如何编辑公式。

赵哥

　　编辑公式涉及4大技术，学会了你就不再是公式"门外汉"。

　　（1）公式输入：**将输入法切换到英文输入状态下，输入【=】号后，就可以输入公式后面的内容了。**

　　（2）公式修改：**输入公式后，可以在编辑栏中修改公式，也可以双击公式所在单元格，进入修改状态。**

　　（3）公式复制：**双击填充柄，就可以快速完成公式复制。这招简直是效率提升的法宝。**

　　（4）公式删除：**使用【Delete】键，想删除哪个公式都可以。**

1 公式输入

选中要进行公式运算的单元格，将输入法切换到英文输入状态下，输入【=】号，然后就可以输入公式后面的内容了。在这个过程中，需要用到加【+】、减【-】、乘【*】、除【/】等运算符。

在引用单元格的时候，可以直接输入单元格的地址，大写和小写都可以。例如，【C2】和【c2】是一样的。也可以单击要引用的单元格，此时公式中会自动出现单元格的引用地址，如图1-2所示。

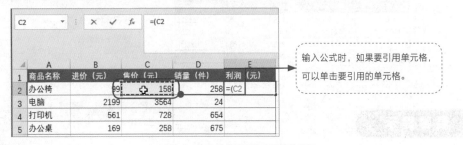

输入公式时，如果要引用单元格，可以单击要引用的单元格。

图1-2 在公式中通过单击引用单元格

2 公式修改

当想要修改公式时，只需要双击公式所在单元格，就可以进入公式编辑状态。

如图1-3所示，进入公式编辑状态后，将光标放到【+】号后面，按【Backspace】键就可以删除【+】号，然后重新输入【-】号。

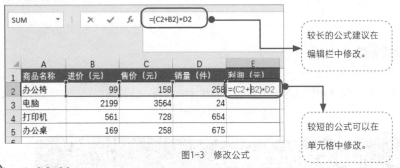

较长的公式建议在编辑栏中修改。

较短的公式可以在单元格中修改。

图1-3 修改公式

3 公式复制

在表格中，需要使用公式计算的单元格往往不止一个。在Excel中想要快速复制公式，最常用的方法是双击填充柄。如图1-4所示，在【E2】单元格中完成第一种商品的利润计算公式编辑后，选中这个有公式的单元格，将光标放到其右下角，当光标变成黑色十字形时双击，就可以实现公式向下复制了。

	A	B	C	D	E
1	商品名称	进价（元）	售价（元）	销量（件）	利润（元）
2	办公椅	99	158	258	15222
3	电脑	2199	3564	24	
4	打印机	561	728	654	
5	办公桌	169	258	675	

图1-4 双击填充手柄

此外，当光标变成黑色十字形时，还可以按住鼠标左键拖动进行公式复制，如图1-5所示。这种方法可以选择性地将公式复制到部分单元格中。

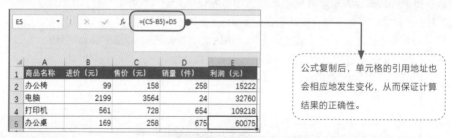

公式复制后，单元格的引用地址也会相应地发生变化，从而保证计算结果的正确性。

图1-5 完成公式复制

温馨提示

复制公式，还可以使用以下3种方法。

（1）选中公式所在单元格下方的空白单元格，按【Ctrl+D】组合键，可以向下复制公式。

（2）选中公式所在单元格右边的空白单元格，按【Ctrl+R】组合键，可以向右复制公式。

（3）选中公式所在单元格，按【Ctrl+C】组合键复制公式，然后转到其他单元格或其他表格的单元格中，按【Ctrl+V】组合键粘贴公式。

4 **公式删除**

删除公式的方法比较简单，选中一个或多个公式所在的单元格，按【Delete】键即可删除。需要注意的是，删除数组公式，要选中公式涉及的所有单元格才能删除，这将在第3章进行详细讲解。

1.2 不得不学的4大规则

张 总

小强，这次你做的表有进步，能用公式进行计算了。但是遇到稍微复杂点的计算，你就没辙了，你得加快学习脚步。

小强

哎！我以为公式很简单，只要会输入加减乘除就行了。没想到实际工作中，情况多变，只会简单编辑公式可不行。赵哥，看来你得传授我一点"秘诀"了。

赵哥

你可别小瞧Excel公式。掌握简单的输入方法后，你现在要学会几招编辑技巧，升级公式运算。**运算规则、数据类型转换、3大引用方法，助你编写出更加复杂的公式。**

1.2.1 运算规则这样记就不会忘

小强

Excel公式的运算符实在是太多了，不掌握运算符的优先级运算顺序，就无法顺利地编辑公式。还好赵哥教了我一招：**从Excel的运算原理去理解运算符**，其优先级根本不用死记硬背。

Excel在计算公式时，**首先要确定目标计算区域**，所以【引用运算符】优先级第一；确定计算区域后，就会**根据【算术运算符】对区域内的数据进行加、减、乘、除等运算**，所以【算术运算符】优先级第二；完成运算后，可能**还需要对运算结果进行连接**，因此【文本运算符】优先级第三；最后还可能要**对最终的运算结果进行比较**，所以【比较运算符】优先级第四。

按照这样的思路，就能很容易记住运算符的优先级。可以对照表1-1，了解一下各类运算符及其优先级。

表1-1　各类运算符及其优先级

级 别	类 型	符 号	说 明	举 例
1	引用运算符	:（冒号）	区域运算符，生成两个引用单元格之间的区域	A1:C6，表示引用【A1】到【C6】单元格区域
1	引用运算符	（空格）	交叉运算符，生成两个引用相交的单元格区域	A1:C6 A3:D8，表示引用【A1:C6】和【A3:D8】两个区域的交叉部分，即【A3:C6】区域
1	引用运算符	,（逗号）	联合运算符，表示引用多个引用区域	A1:C6,C8:D11，表示引用【A1】到【C6】区域，以及【C8】到【D11】两个区域
2	算术运算符	%（百分比符号）、^（乘幂）、*（乘）、/（除）、+（加）、-（减）	对数据进行不同运算的符号，根据数学符号的优先级进行计算	=A1+C2*B3，表示计算【C2】乘以【B3】单元格的值，再加【A1】单元格的值
3	文本运算符	&	连接文本	="天天"&"向上"，结果是"天天向上"
4	比较运算符	=（等于）、<>（不等于）、>（大于）、<（小于）、>=（大于等于）、<=（小于等于）	对值进行比较	=A1>A2，判断【A1】单元格中的值是否大于【A2】单元格中的值

　　需要说明的是，在数学领域中，可以使用小括号【()】、中括号【[]】、大括号【{}】，来改变运算的优先级。但是，在Excel中，没有中括号【[]】、大括号【{}】这两种括号，只能用小括号【()】来改变运算顺序。

　　在进行公式计算时，小括号【()】的优先级高于所有的运算符；如果有多个小括号【()】，则从内到外依次进行运算。

　　例如，在计算公式【=(A1*(B3+D6)-C2)/9】时，先计算【B3+D6】的值，然后计算【A1】乘以【B3+D6】，接着再用【A1*(B3+D6)】的结果减去【C2】，最后再除以9。

 1.2.2 转换数据类型省去不少麻烦

　　今天赵哥很严肃地告诉我：对于函数与公式，为了避免后期计算出错，在学习之初就要养成检查数据类型的习惯。

　　我赶紧去查资料，恶补了一下，最后得出了3条宝贵的经验。

　　（1）数据要与数据类型相对应，例如日期对应日期型、数字对应数值型。

　　（2）文本型数据可以参与四则运算，但是这不代表文本型数据等于数值型数据，在后面应用函数计算时会出错。

　　（3）逻辑值与数值是两种不同的数据，但是逻辑值却可以参与运算，FALSE相当于0，TRUE相当于1。

用"格式照妖镜"检查格式

在表格中输入数据之后，选中数据所在的单元格，在【开始】选项卡下【数字】组的【数据类型】下拉列表框中会显示数据的类型。如图1-6所示，【E2】单元格显示为日期型，这是正确的格式。

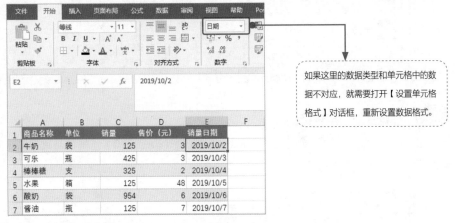

> 如果这里的数据类型和单元格中的数据不对应，就需要打开【设置单元格格式】对话框，重新设置数据格式。

图1-6　查看数据类型

 将文本型数据转换成数值型数据

Excel中的数字如果是文本格式，那么在进行四则运算时不会出错，可以被计算出来，如图1-7所示。但是如果要使用函数进行运算，就无法计算出结果，如图1-8所示。而数字又是参与函数运算的重点数据，如果数字的格式不正确，很可能引起极大的运算错误。

图1-7　文本数据的四则运算　　　　　　　图1-8　文本数据的函数运算

通常情况下，在Excel表格中如果输入的数字是文本型，会出现黄色的警告图标。单击这个警告图标，在弹出的下拉列表中选择【转换为数字】选项，就可以将文本型数据转换为数值型数据了，如图1-9所示。

除此之外，还可以利用四则运算，将文本型数据转换为数值型数据。如图1-10所示，通过公式【=C2*1】，就可以成功地将【C2】单元格中的数据在【D2】单元格中转换为数值。

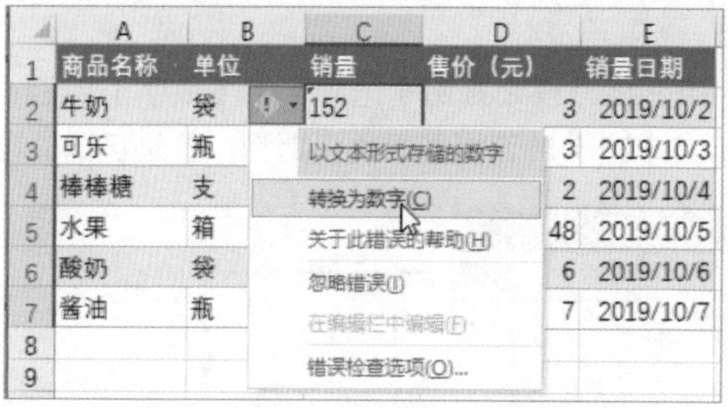

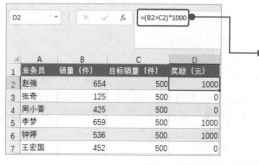

图1-9 将文本型数据转换为数值型数据

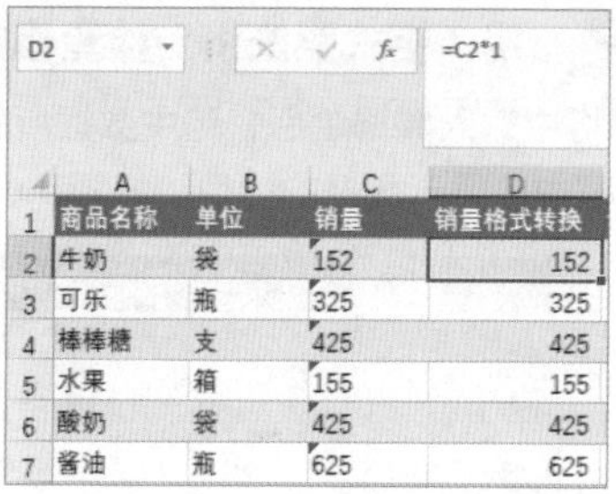

图1-10 通过四则运算转换文本型数据

3 在计算时应用逻辑值

在使用公式运算时，可以直接将真（TRUE=1）、假（FALSE=0）逻辑值当成数值进行运算，如图1-11所示。

公式运算原则是：如果【B2】单元格中的值大于【C2】单元格中的值，则为逻辑真，即TRUE，而TRUE等同于1，因此奖励1*1000=1000元；否则为逻辑假，即FALSE，而FALSE等同于0，奖励为0*1000=0元。

图1-11 将逻辑值当成数值进行运算

1.2.3 单元格3种引用不再傻傻分不清

赵哥

为了提高公式使用效率，常常需要复制公式。复制公式时，单元格引用地址会发生变化。如果不想让地址发生变化，就要学会使用【$】符号。这是**表示"绝对引用"的符号，它能保证单元格地址不变**。例如【$A$2】，无论是向右还是向下复制公式，【A2】单元格的地址都不会发生改变。

相对引用

相对引用是指引用单元格的相对位置，如【C2】。如果多行或多列地复制公式，则单元格的行列位置也会随之发生变化。如图1-12和图1-13所示，在第一个需要计算销售额的单元格中输入公式进行计算，然后复制公式到下面的单元格（避免重复输入公式），单元格的引用位置随之发生变化。

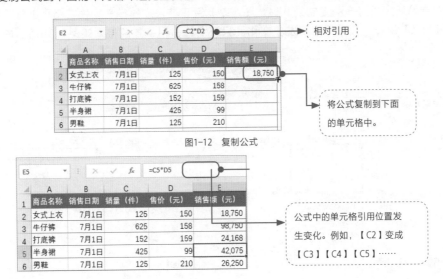

相对引用

将公式复制到下面的单元格中。

图1-12　复制公式

公式中的单元格引用位置发生变化。例如，【C2】变成【C3】【C4】【C5】……

图1-13　单元格的引用位置发生变化

绝对引用

绝对引用是指引用固定的单元格位置，如【$C$2】。即使多行或多列地复制公式，单元格的行列位置也不会发生变化。绝对引用需要在单元格的行列位置前添加绝对引用符号【$】。如图1-14和图1-15所示是绝对引用，往下复制公式时，【$C$7】单元格的位置始终保持不变。

复制公式后，单元格的行列位置均不发生变化。

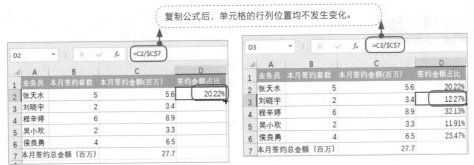

图1-14　绝对引用（1）

图1-15　绝对引用（2）

3 混合引用

混合引用包括相对引用和绝对引用，如【$A1】或【A$1】。多行或多列地复制公式，单元格相对引用的位置发生改变，绝对引用的位置保持不变。

例如，现在需要计算不同商品在1月和2月的税额，计算方式如图1-16～图1-18所示。公式中使用了混合引用，进行多列复制公式时，【A$2】保证了公式的行不发生变化。进行多行复制公式时，【$B7】保证了公式的列不发生变化。只有混合引用，才能得到如图1-19所示的数据运算结果。

图1-16　向下复制公式　　　　　　　　图1-17　向右复制公式

图1-18　向下复制公式　　　　　　　　图1-19　混合引用的运算结果

技能升级

在使用相对引用、绝对引用、混合引用时，绝对引用符号【$】的输入比较麻烦。对此可以按F4键来切换引用方式。例如，输入默认的引用方式【A1】，按【F4】键变成绝对引用方式【$A$1】，再按一次【F4】键变成混合引用方式【A$1】、【$A1】。

 1.2.4 拓展技能学会跨表引用

小 强

赵哥，谢谢你教会了我如何引用单元格。不过，我昨天突然想到，如果要引用的单元格在其他表格中，该怎么办呢？

赵 哥

要引用的单元格，无论是在同一工作簿的其他表格中，还是在其他工作簿的表格中，都可**以使用鼠标选择的方式进行引用，这是最简单的引用方法。**此外，还可以记住跨表引用的输入规则，通过输入的方式来引用其他表格的单元格。

遇到复杂计算，需要引用连续多张表的单元格时，还可以结合冒号【:】来完成多表引用。

当需要引用其他工作表中的单元格时，只需要输入公式的前面部分，直接切换工作表进行引用即可。如图1-20所示，需要计算不同业务员2月的销量比1月增加了多少。输入公式前面部分后，切换到【1月】工作表中，直接选择其中的【B2】单元格。跨表引用的结果如图1-21所示。

引用同一工作簿其他工作表中的单元格，也可以直接通过输入的方式来引用。在本例中，引用【1月】工作表中的【B2】单元格，可以写为【'1月'!B2】。

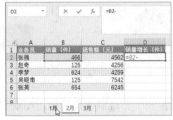

图1-20 切换工作表

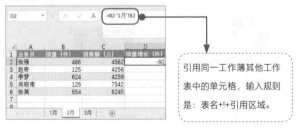

图1-21 完成跨表引用

引用同一工作簿其他工作表中的单元格，输入规则是：表名+!+引用区域。

引用其他工作簿指定工作表中的单元格，可以同时打开两张表，输入公式前面部分后，直接选择其他工作簿指定工作表中的单元格区域，如图1-22所示。

用同样的方法，引用其他工作表的销量数据，完成3个月的销量汇总统计，结果如图1-23所示。引用其他工作簿指定工作表中的单元格，也可以通过输入的方式来实现。例如，本例中引用【张强】业务员1月的销量数据，可写为【'[月销售统计表.xlsx]1月'!$B$2】。

图1-22 引用其他工作簿指定工作表中的单元格

选择其他工作簿指定工作表中的单元格。

输入公式前面部分。

图1-23 完成跨工作簿引用

引用其他工作簿指定工作表中的单元格，输入规则是：[工作簿名称]+表名+!+引用区域。

1.3 编辑公式更高效的两大法宝

小强

赵哥，我开始摸到一点使用公式的门道了。不过我又遇到了新的问题，如果有很多数据要计算，能不能让表格自动计算呀？而且公式太长的话，脑袋晕晕的，容易写错。

赵哥

小强，你学得倒是很快呀，这么快就需要提高效率了。

首先，你**可以使用表格功能来实现公式的结构化引用，以及数据的自动运算。**当你输入第一个公式后，表格就会自动完成相同的计算。

其次，你还可以为公式"取名"。公式有了一个通俗易懂的名字，就能大大降低错误率啦。

1.3.1 使用表格来提升计算效率

小强

原来在Excel中输入数据后，还可以将数据区域创建为表格。此表非彼表！创建为表格区域后，与普通的单元格区域不同。**表格区域可以自动计算列、汇总行，还能在计算时直接引用行或列的名称，这就是结构化引用**。简直是我这种公式新手的救星呀！

① 创建表格

在Excel表格中输入数据后，有数据的单元格只是普通区域，而非表格区域。此时需要创建表，才能实现表格的功能。打开【业绩统计.xlsx】表格，创建表的方法如下。

Step01：创建表。如图1-24所示，❶选中表格中的【A1:F16】区域，❷单击【插入】选项卡【表格】组中的【表格】按钮。

Step02：确定创建表格。此时弹出如图1-25所示的对话框，❶确定数据表源后，勾选【表包含标题】复选框，❷单击【确定】按钮。

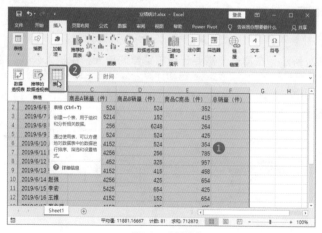

图1-24 创建表格

图1-25 确定创建表格

此时就成功创建了表格，效果如图1-26所示。表格自带筛选按钮，并且在上方功能区中会出现相应的表格功能选项。

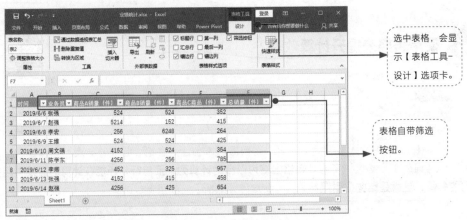

图1-26 成功创建表格

选中表格，会显示【表格工具-设计】选项卡。

表格自带筛选按钮。

技 能 升 级

选中要创建表格的区域，单击【开始】选项卡【样式】组中的【套用表格格式】按钮，选择一种表格格式。应用格式后的数据区域也可以转换为表格区域，并且样式更加美观。

2 通过表格实现自动计算

创建表格后，就可以提升公式的计算效率了。自动计算列和汇总行的方法如下。

Step01：输入公式。如图1-27所示，在第一个需要计算总销量的单元格中输入公式，然后按【Enter】键，此时F列所有需要计算总销量的单元格都完成了自动计算，效果如图1-28所示。

Step02：快速汇总行。如图1-29所示，❶在【表格工具-设计】选项卡【表格样式选项】组中勾选【汇总行】复选框，❷此时表格的最后一行就会自动显示汇总数据，默认情况下是求和汇总。

时间	业务员	商品A销量（件）	商品B销量（件）	商品C销量（件）	总销量（件）
2019/6/6	张强	524	524	352	=c2+d2+e2
2019/6/7	赵强	5214	152	415	
2019/6/8	李宏	256	6248	264	
2019/6/9	王维	524	524	425	
2019/6/10	周文强	4152	524	354	
2019/6/11	陈学东	4256	256	785	
2019/6/12	李娴	452	325	957	
2019/6/13	张强	4152	415	458	
2019/6/14	赵强	4256	425	654	
2019/6/15	李宏	5425	654	425	
2019/6/16	王维	4152	152	654	

图1-27 输入公式

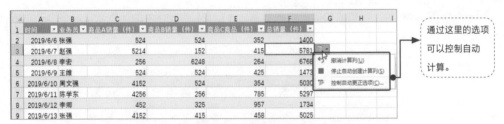

图1-28 完成列数据自动计算

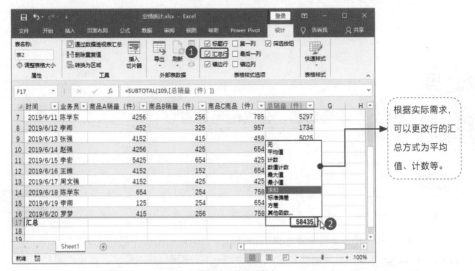

图1-29 快速汇总行

 通过表格实现结构化引用

在表格中，可以使用表的名称、行标题、列标题来代替传统的单元格引用方式，而不用使用单元格地址。这样做的好处是，避免引用单元格时出错，有效简化公式，并且当数据出现增减时，公式会自动调整引用区域。

如图1-30所示，在【C18】单元格中输入求和函数，然后选中【C2:C16】单元格区域，此时公式中的引用区域就自动变成了这列数据的列标题。

图1-30 结构化引用单元格

当增加或删减数据后，例如增加了第17行数据，【C19】单元格中的计算结果就会自动更新，如图1-31所示。

	A	B	C	D	E	F
	时间	业务员	商品A销量（件）	商品B销量（件）	商品C商品（件）	总销量（件）
13	2019/6/17	周文强	4152	425	425	5002
14	2019/6/18	陈学东	654	254	758	1666
15	2019/6/19	李翔	125	254	654	1033
16	2019/6/20	罗梦	415	256	758	1429
17	2019/6/21	李文	332	2258	524	3114
18	汇总					4276815.496
19			39041			
20						

C19 　　fx =SUM(表2[商品A销量（件）])

图1-31　增加数据后，引用区域自动改变

 1.3.2 学会命名，公式使用更省心

赵哥

　　对于公式新手来说，当表格中要计算的项目较多，需要引用多个区域的单元格时，一不小心就会出错。完成公式编辑后，重新检查公式，还要费心去理解公式的意思。真是心累！

　　如果学会为单元格区域命名、为公式命名，思路就清晰多了。【定义名称】这个功能，是新手必学的法宝呀。

　　在统计表格数据过程中，为单元格区域定义名称后，可以在后期公式计算时直接通过调用名称实现单元格区域的引用，从而避免分析公式时不清楚涉及的单元格区域代表什么数据。此外，还可以将公式定义为名称，从而方便理清公式的结构，以及进行公式的统一修改。下面以【1月报表.xlsx】为例讲解如何使用名称实现公式的计算。

Step01：定义名称。如图1-32所示，❶选中表格中的销量数据区域，即【C2:C17】单元格区域，❷单击【公式】选项卡【定义的名称】组中的【定义名称】按钮。

Step02：新建名称。如图1-33所示，❶在弹出的【新建名称】对话框中将选中的单元格命名为【销量】，❷单击【确定】按钮。

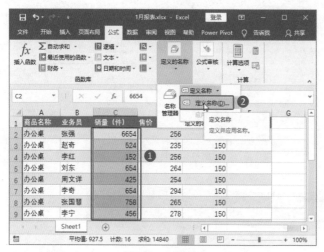

图1-32 定义名称

图1-33 新建名称

📢 Step03：使用名称计算。现在要对销量进行求和统计，直接输入求和函数以及单元格名称，就可以完成销量计算了，如图1-34所示。定义名称后，凡是需要使用销量数据的公式，都可以通过名称快速理解公式的含义。

	A	B	C	D	E	F
10	办公桌	张宏	542	265	150	
11	台式电脑	张强	524	3000	1500	
12	台式电脑	赵奇	152	3125	1500	
13	台式电脑	李红	654	3265	1500	
14	台式电脑	刘东	854	3124	1500	
15	台式电脑	周文详	758	2954	1500	
16	台式电脑	李奇	654	2635	1500	
17	台式电脑	张国慧	425	3625	1500	
18		总销量统计：		=sum(销量)		

图1-34 使用名称计算

📢 Step04：定义公式名称。如图1-35所示，❶再次打开【新建名称】对话框，定义一个内容为【="1%"】的公式，❷命名为【提成比例】，以便后期计算业务员的提成。

📢 Step05：使用名称计算。如图1-36所示，在【F2】单元格中输入公式，并使用定义的名称来控制业务员的提成比例。

　　这样既可以让人明白公式的计算逻辑，又可以方便后期修改数据。例如，当后期业务员提成比例变化时，不用修改公式，直接打开名称管理器，修改名称中的公式数据，使用了名称进行计算的公式也会自动更新。

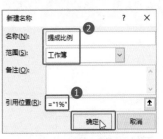

图1-35 定义公式名称

图1-36 使用名称计算

1.4 公式出错不用怕，3种方法巧解决

赵哥

新手编辑公式容易出错，一出错就找不到解决的方向。小强，为了避免出现这种情况，你需要学会3种解决公式错误的方法。

可以分析公式引用的单元格、公式运算的步骤、错误提示信息，从而找出错误所在。

小强

赵哥，还是你强，懂得未雨绸缪。要不是你提醒，一旦公式出错，我又要手忙脚乱了。

 1.4.1 **3种追踪方式，错误逃不过双眼**

小强

不学不知道，一学吓一跳，公式追踪实在是太有用了！

【追踪引用单元格】可以快速分析公式受到哪些单元格的**影响，从而找出导致公式错误的单元格。**

如果某一个单元格的值发生错误，还可以**使用【追踪从属单元格】功能，快速找出受这个单元格值影响的公式，从而改正错误。**

如果对错误没有头绪，那就直接使用**【追踪错误】功能，这样可以一目了然地看出影响公式的单元格，**找出问题根源所在。

当公式出错时，最基本的解决思路是，分析公式引用了哪些单元格的值，从而判断是否因为引用了错误的单元格值而导致公式错误。下面以【销售清单.xlsx】表格为例进行讲解。

Step01：追踪引用单元格。如图1-37所示，❶在【销售表1】中选中有公式的单元格【R2】，❷单击【公式】选项卡【公式审核】组中的【追踪引用单元格】按钮。

Step02：查看公式引用了哪些单元格。如图1-38所示，可以根据箭头分析【R2】单元格中的公式受到哪些单元格值的影响。

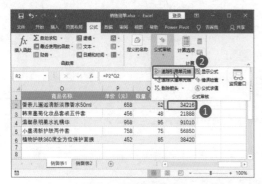

图1-37 追踪引用单元格

图1-38 查看公式引用了哪些单元格

Step03：追踪从属单元格。如图1-39所示，❶选中【P5】单元格，❷单击【公式】选项卡【公式审核】组中的【追踪从属单元格】按钮。

Step04：查看受单元格值影响的公式。如图1-40所示，此时就可以看到这个单元格的值被哪些单元格中的公式引用，从而找出受到影响的公式。

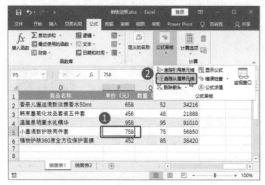

图1-39 追踪从属单元格

图1-40 查看受单元格值影响的公式

Step05：追踪公式错误。如图1-41所示，❶切换到【销售表2】表格中，❷选中有错误公式的单元格【F2】，❸单击【公式】选项卡【公式审核】组中的【追踪错误】按钮。

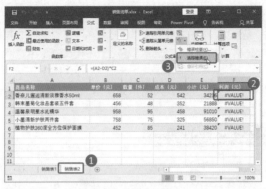

图1-41　追踪公式错误

Step06：查看公式受到哪些单元格的影响。如图1-42所示，此时就显示出该公式引用的单元格。然后顺藤摸瓜，逐一判断单元格的引用是否有误。例如，本例错误地引用了【A2】单元格，所以导致公式错误。

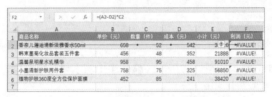

图1-42　查看公式受到哪些单元格的影响

1.4.2　分步进行计算，找出错误环节

赵哥

　　追踪公式错误有一个弊端，当公式太长时，不容易理清单元格之间的关系。这个时候，【公式求值】就派上用场啦！使用这个功能，公式再长也不怕，它**可以查看公式每一步的计算结果，帮助理清公式的逻辑思路，找出有问题的计算步骤**。

　　下面以【工资表.xlsx】为例讲解分步求值公式的使用方法，以便审核工资计算的每一步是否正确。

Step01：公式求值。如图1-43所示，❶选中【H2】单元格，❷单击【公式】选项卡【公式审核】组中的【公式求值】按钮。

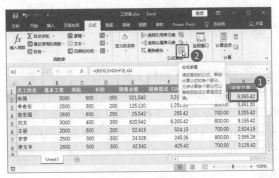

图1-43 公式求值

Step02：分步计算公式。打开如图1-44所示的【公式求值】对话框，单击【求值】按钮，就可以查看公式的第一步计算结果。

Step03：分步计算公式。确认第一步计算结果后，再次单击【求值】按钮，可以查看下一步计算结果，如图1-45所示。用这样的方法，继续分析后面的计算步骤，就可以找出公式计算出错的步骤。

图1-44 分步计算公式（1）

图1-45 分步计算公式（2）

1.4.3 根据错误情况寻找解决方向

小强

特殊情况下，无论使用哪种追踪方法也找不出公式的错误所在。这个时候，就要考虑根据错误的类型来寻找解决方向了。

小强

　　Excel公式错误主要分为8种情况：【####】表示单元格列宽不够；【#NULL!】表示引用的区域出现错误；【#NAME?】表示无法识别公式中的文本；【#NUM!】表示使用了无效数值；【#VALUE!】表示使用的参数类型不正确；【#DIV/0!】表示除法运算中出现了分母为0的错误；【#REF!】表示引用了无效单元格；【#N/A】表示公式中的数值不可用。

 【####】错误

　　如果工作表的列宽比较窄，使单元格无法完整显示数据，或者使用了负日期或时间，便会出现【####】错误。

　　解决【####】错误的方法如下。

　　（1）当列宽不足以显示内容时，直接增加列宽即可。

　　（2）当日期和时间为负数时，可通过下面的方法进行解决。

　　☆　如果使用的是1900日期系统，那么Excel中的日期和时间必须为正值。

　　☆　如果需要对日期和时间进行减法运算，应确保建立的公式是正确的。

　　☆　如果公式正确，但结果仍然是负值，可以通过将该单元格的格式设置为非日期或时间格式来显示该值。

② 【#NULL!】错误

　　当函数表达式中使用了不正确的区域运算符或指定两个并不相交的区域的交点时，便会出现【#NULL!】错误。

　　解决【#NULL!】错误的方法如下。

　　☆　如果是使用了不正确的区域运算符：若要引用连续的单元格区域，应使用冒号分隔符【:】连接引用区域中的第一个单元格和最后一个单元格；若要引用不相交的两个区域，应使用联合运算符，即逗号【,】。

　　☆　如果是区域不相交应更改引用以使其相交。

③ 【#NAME?】错误

　　当Excel无法识别公式中的文本时，将出现【#NAME?】错误。

　　解决【#NAME?】错误的方法如下。

　　☆　如果是区域引用中漏掉了冒号【:】：所有区域引用使用冒号【:】。

　　☆　如果是在公式中输入文本时没有使用双引号：公式中输入的文本必须用双引号括起来，否则Excel会把输入的文本内容看作名称。

　　☆　如果是函数名称拼写错误：更正函数拼写；若不知道正确的拼写，可打开【插入函数】对话框，插入正确的函数即可。

☆ 如果是使用了不存在的名称：打开【名称管理器】对话框，查看是否有当前使用的名称，若没有，定义一个新名称即可。

 【 #NUM! 】错误

当公式或函数中使用了无效的数值时，便会出现【#NUM!】错误。

解决【#NUM!】错误的方法如下。

☆ 如果在需要数值参数的函数中使用了无法接受的参数：确保函数中使用的参数值，而不是文本、时间或货币等格式。

☆ 如果输入的公式所得出的数值太大或太小，无法在Excel中表示：更改单元格中的公式，使运算的结果介于【-1*10307】～【1*10307】之间。

☆ 如果使用了迭代的工作表函数，且函数无法得到结果：为工作表函数使用不同的起始值，或者更改Excel迭代公式的次数。

 【 #VALUE! 】错误的处理办法

使用的参数或操作数的类型不正确时，便会出现【#VALUE!】错误。

解决【#VALUE!】错误的方法如下。

☆ 当输入或编辑的是数组公式，却按【Enter】键确认：完成数组公式的输入后，按【Ctrl+Shift+Enter】组合键确认。

☆ 当公式需要数值或逻辑值时，却输入文本：确保公式或函数所需的操作数或参数正确无误，且公式引用的单元格中包含有效的值。

 【 #DIV/0! 】错误的处理办法

当数值除以0时，便会出现【#DIV/0!】错误。

解决【#DIV/0!】错误的方法如下。

☆ 将除数更改为非零值。

☆ 作为被除数的单元格不能为空白单元格。

 【 #REF! 】错误的处理办法

当单元格引用无效时，如函数引用的单元格（区域）被删除、链接的数据不可用等，便会出现【#REF!】错误。

解决【#REF!】错误的方法如下。

☆ 更改公式，或者在删除或粘贴单元格后立即单击【撤销】按钮，以恢复工作表中的单元格。

☆ 启动使用的对象链接和嵌入(OLE)链接所指向的程序。

☆ 确保使用正确的动态数据交换 (DDE) 主题。

☆ 检查函数以确定参数是否引用了无效的单元格或单元格区域。

 【 #N/A 】错误的处理办法

当数值对函数或公式不可用时，便会出现【#N/A】错误。

解决【#N/A】错误的方法如下。

☆ 确保函数或公式中的数值可用。

☆ 为工作表函数的lookup_value参数赋予了不正确的值：当为MATCH、HLOOKUP、LOOKUP或VLOOKUP函数的lookup_value参数赋予了不正确的值时，将出现【#N/A】错误，此时的解决方法是确保lookup_value参数值的类型正确。

☆ 使用函数时省略了必需的参数：当使用内置或自定义工作表函数时，若省略了一个或多个必需的参数，便会出现【#N/A】错误，此时将函数中的所有参数输入完整即可。

高手指引 EXCEL函数与公式应用大全 案例视频教程（全彩版）

CHAPTER 2

函数，掌握秘诀
轻松搞定

公式使用熟练后，我发现公式有一些局限性。例如，我想统计100种商品的总销量，使用公式就得引用100个单元格，真是心累。赵哥告诉我，是时候提升能力，学习函数了。

刚学习函数时，我心里有好多疑问：我英语不好，能记住函数吗？很多函数我只记得开头几个字母，如何正确输入呢？函数有几百个，我怎么知道应该选择哪个函数来实现目标计算？

当我"赶鸭子上架"，硬着头皮学习一段时间后，才发现我之前的疑问统统不是问题。函数简直就是我的救星，不论有多少数据，瞬间就可以完成运算。哈哈，我现在已经离不开函数了。

小 强

是的，千万不要把函数想得那么复杂，函数其实就是更高级的公式而已。克服畏难情绪，静下心来，从函数的概念开始理解，再慢慢学习函数的编辑技巧，然后学习几个常用函数来练手，就可以打开函数世界的大门了！

赵 哥

2.1 高效学习函数的秘诀

张总

小强，自从你学会公式后，报表就没有再出错了。不过，你要想进一步提升效率，仅会使用公式是不够的。今天就给你布置一个小任务，开始学习函数，把函数的概念掌握清楚。

小强

张总，其实您不说我也发现了公式运算有局限性。之前我也尝试学习了函数，但是一看到Excel函数库中有几百个函数，我的头马上就大了。好不容易记住一个函数，第二天又忘了。看来还是没有掌握函数使用方法，我得去请教一下赵哥。

2.1.1 其实函数就是高级公式

赵哥

很多人容易混淆公式和函数的概念，其实函数可以看成是系统预先定义好的高级公式，按照特定的顺序和结构进行运算。

所以学习函数，要重点**理解函数是如何智能化运算的**；**函数的结构是什么**，从而掌握函数的编辑方法；**函数有哪些分类**，以便在后期运算时，能较为精确地**从几百个函数中找到能解决问题的函数**。

1　函数的智能运算

函数是预先定义好的公式，在需要使用时，直接调用即可，从而简化了公式运算。

例如，当需要计算某企业12个月的平均财务费用时，用公式计算的方法如图2-1所示，需要引用12个月的数据，输入公式【=(B2+B3+B4+B5+B6+B7+B8+B9+B10+B11+B12+B13)/12】，比较麻烦。如果需要计算3年的平均财务费用，更是烦琐、复杂。

然而，通过调用求平均值函数，无论需要计算多少个月的平均财务费用，均能一步到位。如图2-2所示，输入公式【=AVERAGE(B2:B13)】，按【Enter】键，就能完成平均财务费用计算，最终结果与公式计算结果一致。

	B14	fx	=(B2+B3+B4+B5+B6+B7+B8+B9+B10+B11+B12+B13)/12			
	A	B	C	D	E	F
1	月份	财务费用（元）	销售费用（元）	管理费用（元）		
2	1	26458	9587	4598		
3	2	62546	4859	6245		
4	3	26541	6857	1245		
5	4	24516	4859	6254		
6	5	12456	9587	3265		
7	6	9587	4587	2456		
8	7	9548	9587	3254		
9	8	7845	12459	2645		
10	9	12456	26548	5478		
11	10	32541	9578	9578		
12	11	12456	4578	4526		
13	12	9578	9587	3265		
14	平均值	20544				

图2-1　用公式计算平均值

	B15	fx	=AVERAGE(B2:B13)	
	A	B	C	D
1	月份	财务费用（元）	销售费用（元）	管理费用（元）
2	1	26458	9587	4598
3	2	62546	4859	6245
4	3	26541	6857	1245
5	4	24516	4859	6254
6	5	12456	9587	3265
7	6	9587	4587	2456
8	7	9548	9587	3254
9	8	7845	12459	2645
10	9	12456	26548	5478
11	10	32541	9578	9578
12	11	12456	4578	4526
13	12	9578	9587	3265
14	平均值	20544		
15		20544		

图2-2　用函数计算平均值

通过函数，还可以进行自动判断，这是公式无法完成的。

如图2-3所示，根据D列的管理费用值来判断管理费使用情况是否达标；费用小于5000元则达标，超过5000元则未达标。

如果使用公式，需要进行人工判断；而借助函数，只需要用一个IF函数，就能一次性完成判断，并返回结果。

月份	财务费用（元）	销售费用（元）	管理费用（元）	管理费是否达标（小于5000则达标）
1	26458	9587	4598	是
2	62546	4859	6245	否
3	26541	6857	1245	是
4	24516	4859	6254	否
5	12456	9587	3265	是
6	9587	4587	2456	是
7	9548	9587	3254	是
8	7845	12459	2645	是
9	12456	26548	5478	否

单元格 E2 = IF(D2<5000,"是","否")

图2-3 用函数进行条件判断

2 函数的结构

Excel函数是预先编写好的公式，每个函数都是一组特定的公式，代表着一个复杂的运算过程。但无论函数的运算过程有多复杂，其结构都是固定的。

如图2-4所示是函数的结构，各组成部分的含义如下。

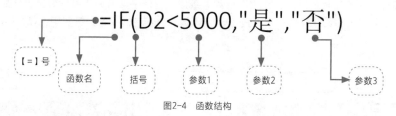

=IF(D2<5000,"是","否")

【=】号　函数名　括号　参数1　参数2　参数3

图2-4 函数结构

（1）【=】号：函数作为公式的一种特殊形式，是由【=】号开始的，【=】号右侧是函数名称和参数。

（2）函数名：即函数的名称，代表了函数的计算功能。每个函数都有一个唯一的名称，如SUM函数表示求和函数，AVERAGE函数表示求平均数函数。函数名的输入不区分大小写。

（3）【()】号：所有函数都需要使用英文半角状态下的【()】号，括号中的内容就是函数参数。括号必须成双成对地出现。括号的配对让函数成为一个完整的表达式。

（4）参数：函数中用参数来执行操作或计算。参数可以是数字、文本、TRUE或FALSE等，也可以是其他函数、数组、单元格引用。无论参数是哪种类型，都必须是有效参数。

3　函数的分类

Excel中提供了大量的函数，这些函数涉及财务、工程、统计、时间、数学等多个领域。要想从众多函数中找到符合需求的那一个，必须对函数的分类有所了解。

根据功能的不同，函数主要分为11种类型。在函数使用过程中，可根据以下分类进行函数定位。

（1）财务函数：用于财务统计，如DB函数返回固定资产的折旧值。

（2）逻辑函数：一共有7个，用于测试某个条件，返回逻辑值。
在数值运算中，TRUE=1，FALSE=0；在逻辑判断中，0=FALSE，非0数值=TRUE。

（3）文本函数：处理文本字符串。功能包括截取、查找文本字符；也可以改变文本的编写状态，如将数值转换为文本。

（4）日期和时间函数：用于分析或处理公式中的日期和时间值。

（5）查找和引用函数：用于在数据清单中查询特定数值，或引用某个单元格的值。

（6）数学和三角函数：用于各种数学计算和三角函数计算。

（7）统计函数：用于对一定范围内的数据进行统计学分析，如分析平均值、标准偏差等。

（8）工程函数：用于处理复杂的数字，在不同的计数体系和测量体系之间转换，如将十进制转换为二进制。

（9）多维数据集函数：用于返回多维数据集中的相关信息，如返回多维数据集中的成员属性值。

（10）信息函数：用于确定单元格中的数据类型，还可以使单元格在满足一定的条件时返回逻辑值。

（11）数据库函数：用于对存储在数据清单或数据库中的数据进行分析，判断是否符合某些特定的条件。当需要汇总符合某一条件的列表数据时，这类函数十分有用。

2.1.2 要想深入学习函数，就要这样做

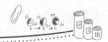

赵 哥

　　函数学习得讲究方法，方法得当学习效率事半功倍。很多人都像小强一样，刚开始学习函数时，对函数参数感到头疼，因为记不住函数的结构是由哪些参数构成，更别提灵活编辑参数了。其实，记住一个诀窍"从目的出发"就能快速掌握函数。

　　函数学习贵在学以致用，在了解函数的参数组成时，多思考"**这个参数能实现什么作用**"以及"**参数变化时，又能实现什么作用**"，按照这样的思路，形成函数知识树，就能学得快、记得牢！

　　此外，**函数学习，要从日常工作中用得到的最常用的函数开始学习**，即时用函数解决工作问题，尝到学习的甜头，得到正向反馈，才能保持学习的动力和积极性。

　　学习Excel函数，其实就是学习每个函数的语法，函数的语法指的是函数由哪些参数构成、如何编辑这些参数。因此，只要掌握参数变化的方式，就能掌握函数的用法。

　　以常用函数SUM求和函数为例，在学习SUM函数时，会发现其语法很简单，参数由number1、number2…构成。深入研究number的写法，就会发现SUM函数求和的灵活性，如图2-5所示。

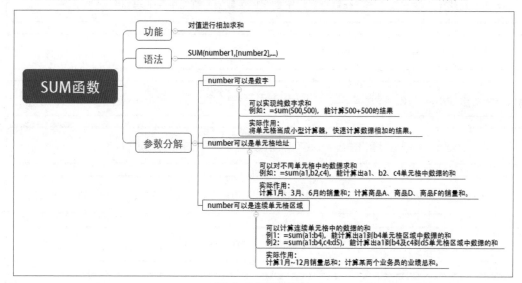

图2-5　SUM函数知识树

　　将SUM函数的知识点整理成如图2-5所示的知识树后，再将知识点与实际工作相结合，用不同的知识点来解决实际工作中的不同问题，如图2-6～图2-9所示，就可以快速掌握SUM函数的用法了。

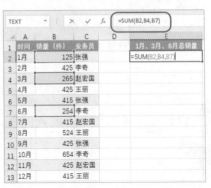

图2-6　快速计算数据之和

图2-7　计算不同单元格数据之和

图2-8　计算连续单元格区域数据之和

图2-9　计算两个单元格区域的数据之和

2.2　函数编写有技巧，不怕英语不够好

张总

　　小强，之前我让你学习函数，相信你已经花时间了解函数的概念了。你接下来的任务就是，赶紧抽空学习函数的编写方法，后面我安排你的工作没有函数可是完成不了的。

小强

　　张总，我正在努力学习函数编写呢。是得花点时间，那些函数的英文单词太难记了，再给我点时间，我尽量多记几个函数。

小强，谁说函数需要你死记硬背了？**Excel是智能工具，函数输入方式既多样，又人性化。**你根据不同的需求，选择适合的输入方法就行。

2.2.1 通过提示功能快速输入函数

小 强

嘿嘿，之前是我太心急了，都没注意**在Excel中输入函数时，只要输入函数前面的字母，就会自动出现以这些字母开头的函数。**这样一来，即使无法完全记住函数的写法，也不会影响我完成工作任务了。

从Excel 2007版本开始，就增加了【公式记忆】输入功能。在编写函数时，只需要输入函数前面的部分，便会出现备选的函数列表，方便完成函数编辑。

例如在等号后面输入第一个字母【i】，便会出现以字母【i】开头的函数列表，如图2-10所示。此时在目标函数上双击就可以完成函数输入。随着字母输入的增加，列表中的可选择的函数也会发生变化，如图2-11所示。

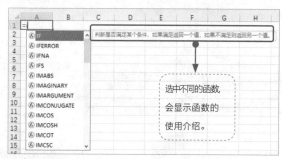

图2-10　输入函数的第一个字母

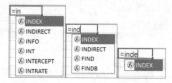

图2-11　输入字母增加时列表的变化

技 能 升 级

默认情况下，【公式记忆】输入功能是开启的。如果对函数很熟练，不希望显示函数备选列表，在【Excel选项】对话框中的【公式】选项卡下关闭【公式记忆】输入功能，即可关闭此功能。

2.2.2 通过菜单快速插入常用函数

经过学习和研究，我更多地感受到了Excel的人性化设计。对于我这种函数新手来说，我爱上了【自动求和】这个功能，**这个功能中提供了常用的几个函数**，在需要使用函数计算时，**哪怕连函数的首字母都记不住，也没关系，根据中文菜单选择就行了。**

在Excel【公式】选项卡下有【自动求和】功能，该功能提供了【求和】【平均值】【计数】【最大值】【最小值】5个常用函数。选择好菜单中的函数后，Excel会根据函数所在单元格和数据分布情况，自动选择统计单元格，以实现函数的快速调用。下面以【业绩统计.xlsx】表格为例，讲解如何通过插入函数快速统计不同业务员的总销量及销量平均值。

Step01：插入求和函数。如图2-12所示，❶选中需要求和的单元格区域【E2:E9】，❷选择【公式】选项卡下【自动求和】菜单中的【求和】选项。

Step02：查看求和统计结果。如图2-13所示，此时Excel自动选择E列左边有数据的单元格，快速完成了求和统计。

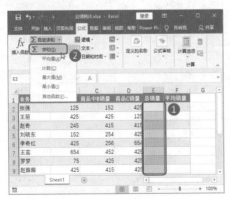

图2-12 插入求和函数

图2-13 完成求和统计

Step03：插入求平均值函数。如图2-14所示，❶选中第一个需要计算平均值的单元格【F2】，❷选择【公式】选项卡下【自动求和】菜单中的【平均值】选项。

Step04：调整计算区域。如图2-15所示，此时Excel自动选择了【F2】单元格左边的所有数据区域，在编辑栏中编辑单元格区域，修改为【B2:D2】单元格区域。完成函数编辑后，按【Enter】键即可完成第一位业务员的销量平均值计算。

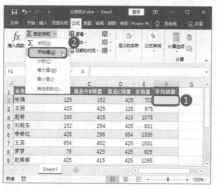

图2-14 插入求平均值函数

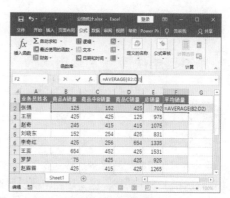

图2-15 调整计算区域

Step05： 向下复制函数。如图2-16所示，完成第一个平均值计算后，将光标放到单元格右下角，当光标变成黑色十字形时，双击即可向下复制函数。

Step06： 查看平均值计算结果。如图2-17所示，此时便完成了所有业务员的销量平均值计算。

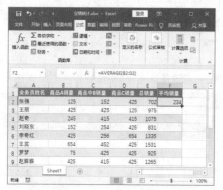

图2-16 向下复制函数

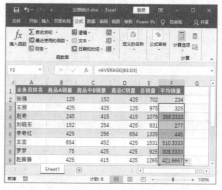

图2-17 完成求平均值计算

2.2.3 通过向导编写函数，不怕参数看不懂

赵哥

【公式记忆】输入功能只能方便输入完整函数，没办法引导新手正确编写函数参数，而【自动求和】中函数类型十分有限。如果需要使用复杂的函数，又苦于不熟悉函数的编辑方法，就要使用【插入函数向导】来完成。**在向导中，不仅可以从几百个函数中找到符合需求的函数，还能在提示下，一步一步完成函数编写。**这简直是函数小白的救星。

例如在【产品质量检测】表中，需要根据产品的纯度判断产品的质量等级：纯度≥95%为优，纯度≥90%为良，纯度<90%为差。有多个条件需要判断，却不知用什么函数，解决方法如下。

Step01：插入函数。如图2-18所示，❶选中第一个需要判断等级的单元格【F2】，❷单击【公式】选项卡下【插入函数】按钮。

Step02：搜索函数。如图2-19所示，❶在【插入函数】对话框中输入对需求描述的关键词如"条件"，❷单击【转到】按钮。

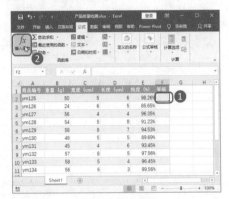

图2-18　插入函数

图2-19　搜索函数

Step03：选择函数。如图2-20所示，❶在【选择函数】列表中选择不同的函数，查看下方函数的描述，当选择【IFS】选项时，描述符合需求，❷单击【确定】按钮。

Step04：输入函数参数。如图2-21所示，❶将光标放到不同的参数框中，查看下方的参数描述，从而明白需要在【Logical_test1】中输入一个条件，在【Value_if true1】中输入满足第一个条件返回的值，其他参数的含义以此类推，❷单击【确定】按钮。

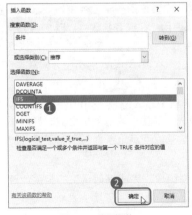

图2-20　选择函数

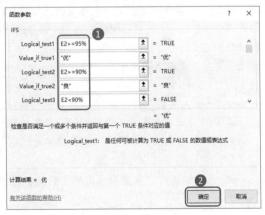

图2-21　输入函数参数

Step05：复制函数。完成第一个产品的等级判断后，往下复制函数，完成其他产品的等级判断，结果如图2-22所示。

图2-22 完成产品等级判断

2.2.4 学会嵌套函数，更上一层楼

小 强

现在编写简单的函数已经难不倒我了！可是问题又来了，一个函数只能解决一个问题，有的问题比较复杂，又要怎么办呢？

经过赵哥的指点，我发现了函数更厉害的用法，那就是**嵌套函数，将两个或两个以上的函数联合起来使用，就可以同时实现多个函数的功能啦。**

单个函数的功能往往比较单一，要实现比较复杂的运算，就需要使用多个函数进行嵌套。嵌套函数就是将某个函数或函数的返回值作为另一个函数的计算参数来使用。在嵌套函数中，Excel会先计算最深层的嵌套表达式，再逐步向外计算其他表达式。下面以【奖金表.xlsx】为例，讲解如何使用嵌套函数来计算员工奖金，要求工龄大于等于2年、请假天数小于1天、迟到次数小于3次的员工才能获得500元奖金。

Step01：输入嵌套函数。如图2-23所示，在【G2】单元格中输入函数【=IF(AND(D2>=2,E2<1,F2<3),500,0)】，该函数是由IF函数和AND函数嵌套组成。首先计算括号内的AND函数，判断员工的工龄、请假天数、迟到次数是否同时满足条件。然后再用IF函数来返回满足条件与不满足条件时返回的值。

Step02：复制函数。完成第一位员工的奖金后，向下复制函数，完成其他员工的奖金计算，如图2-24所示。

G2 | =IF(AND(D2>=2,E2<1,F2<3),500,0)

编号	姓名	部门	工龄（年）	请假天数（天）	迟到次数	奖金（元）
YR001	张浩	营销部	0	1	5	0
YR002	刘妙儿	市场部	2	0	0	
YR003	吴欣	广告部	4	2	0	
YR004	李冉	市场部	2	1	0	
YR005	朱杰	财务部	3	0	0	
YR006	王欣雨	营销部	5	1	2	
YR007	林霖	广告部	0	0	0	
YR008	黄佳华	广告部	5	0	5	
YR009	杨笑	市场部	4	0	0	
YR010	吴佳佳	财务部	5	0	0	

图2-23 输入嵌套函数

编号	姓名	部门	工龄（年）	请假天数（天）	迟到次数	奖金（元）
YR001	张浩	营销部	0	1	5	0
YR002	刘妙儿	市场部	2	0	0	500
YR003	吴欣	广告部	4	2	0	0
YR004	李冉	市场部	2	1	0	0
YR005	朱杰	财务部	3	0	0	500
YR006	王欣雨	营销部	5	1	2	0
YR007	林霖	广告部	0	0	0	0
YR008	黄佳华	广告部	5	0	5	0
YR009	杨笑	市场部	4	0	0	500
YR010	吴佳佳	财务部	5	0	0	500

图2-24 复制函数

2.3 使用常用函数，让数据管理能力增加40%

张总

小强，我相信你现在使用简单函数没有问题了。接下来需要你配合我完成商品销量、平均数统计，分析商品最高/最低销量，制作业绩排名表、统计商品分类等工作。

小强

张总，我刚学会使用函数，您给我这么多任务，我有点担心不能完成，不过我会多请教赵哥的。

赵哥

小强，别紧张呀！张总给你的布置看起来多，其实很简单，使用最常用的函数就能完成。你想呀，**函数库一共四百多种函数，哪能全部快速掌握呢。你只要用好常用函数，相信你的数据管理能力提升40%不是梦。**

2.3.1 SUM函数，求和统计必学

千万不要小看任何函数，再简单的函数也有你可能不会的用法。就拿SUM求和函数来说，我之前觉得太简单了。直到张总让我统计销售数据，我一看，有好多需要求和的地方。后来赵哥教了我一招【Alt+=】组合键求和法，选中区域，一键求和。

在Excel表中，可以使用【Alt+=】组合键快速调用求和函数，尤其适用于需要多次求和的情况。下面以【销售情况表.xlsx】表为例进行讲解。

📢 Step01：全选数据。在【季度销量】表中，按【Ctrl+A】组合键全选所有数据，如图2-25所示。

📢 Step02：快速完成求和。按【Alt+=】组合键，E列和第8行的合计数据均完成了计算，如图2-26所示。

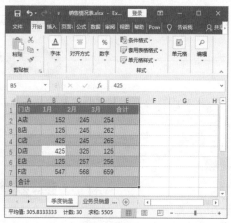

图2-25 全选数据

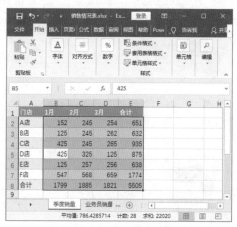

图2-26 快速完成求和统计

📢 Step03：选中需要求和的单元格。切换到【业务员销量】表，按住【Ctrl】键，选中需要计算求和结果的单元格，如图2-27所示。

📢 Step04：按【Alt+=】组合键，即可快速完成求和统计，结果如图2-28所示。

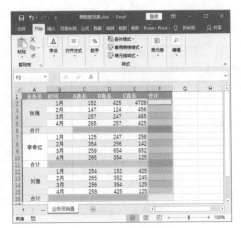

图2-27 选中需要求和的单元格

图2-28 用快捷键快速完成求和统计

2.3.2 AVERAGE函数，快速算出平均值

赵哥

AVERAGE函数和SUM函数用法类似，只不过AVERAGE函数是用来求平均值的函数。其**语法是：=AVERAGE(Number1,Number2,…)。输入AVERAGE函数后，选择求平均值的数据区域，或输入求平均值的数据，就可以计算出结果。**如果使用嵌套函数，能求更多类型的平均值，例如前五名业务员业绩的平均值。

下面以【业绩平均值计算.xlsx】为例，讲解AVERAGE函数的使用方法。

Step01：计算销售额平均值。如图2-29所示，在【D14】单元格中输入函数，计算【D2:D13】区域内销售额数据的平均值。完成函数输入后，按【Enter】键即可查看计算结果，如图2-30所示。

Step02：计算前五名销售额平均值。如图2-31所示，在【D15】单元格中输入函数，嵌套使用了LARGE函数，这个函数用来返回前K个最大值。完成函数输入后，按【Enter】键即可看到计算结果，如图2-32所示。

D14		×	✓	fx	=average(D2:D13)

	A	B	C	D
1	业务员	销量（件）	售价（元）	销售额（元）
2	张强	145	65	9425
3	李洪	625	48	30000
4	赵奇	425	75	31875
5	王梦梦	458	85	38930
6	李小路	957	65	62205
7	罗玉	458	45	20610
8	刘琦	452	85	38420
9	李兰	415	74	30710
10	张国宏	425	85	36125
11	周文	654	45	29430
12	赵桥	415	85	35275
13	周文强	425	65	27625
14		平均销售额		=average(D2:D13)
15		前五名业务员平均销售额		

图2-29 计算销售额平均值

D14		×	✓	fx	=AVERAGE(D2:D13)

	A	B	C	D
1	业务员	销量（件）	售价（元）	销售额（元）
2	张强	145	65	9425
3	李洪	625	48	30000
4	赵奇	425	75	31875
5	王梦梦	458	85	38930
6	李小路	957	65	62205
7	罗玉	458	45	20610
8	刘琦	452	85	38420
9	李兰	415	74	30710
10	张国宏	425	85	36125
11	周文	654	45	29430
12	赵桥	415	85	35275
13	周文强	425	65	27625
14		平均销售额		32552.5
15		前五名业务员平均销售额		

图2-30 查看计算结果

IFS		×	✓	fx	=AVERAGE(LARGE(D2:D13,{1,2,3,4,5}))

	A	B	C	D	E
1	业务员	销量（件）	售价（元）	销售额（元）	
2	张强	145	65	9425	
3	李洪	625	48	30000	
4	赵奇	425	75	31875	
5	王梦梦	458	85	38930	
6	李小路	957	65	62205	
7	罗玉	458	45	20610	
8	刘琦	452	85	38420	
9	李兰	415	74	30710	
10	张国宏	425	85	36125	
11	周文	654	45	29430	
12	赵桥	415	85	35275	
13	周文强	425	65	27625	
14		平均销售额		32552.5	
15		前五名业务员平均=AVERAGE(LARGE(D2:D13,{1,2,3,4,5}))			

图2-31 计算前五名销售额平均值

	A	B	C	D
2	张强	145	65	9425
3	李洪	625	48	30000
4	赵奇	425	75	31875
5	王梦梦	458	85	38930
6	李小路	957	65	62205
7	罗玉	458	45	20610
8	刘琦	452	85	38420
9	李兰	415	74	30710
10	张国宏	425	85	36125
11	周文	654	45	29430
12	赵桥	415	85	35275
13	周文强	425	65	27625
14		平均销售额		32552.5
15		前五名业务员平均销售额		42191

图2-32 查看计算结果

2.3.3 MAX/MIN函数，没有找不出的最大值/最小值

小强

　　要想快速从表格中找出最大值或最小值，就用MAX或MIN函数。这两个函数语法简单，使用方便，不管数据有多少，最大值和最小值搜索就在一瞬间。

　　MAX函数的语法是：= MAX(number1, [number2], ...)。MIN函数的函数语法：=MIN(number1,【number2】,...)。其中number代表需要找最大值或小值的参数，可以是数值，也可以是单元格区域。

下面以【商品销量表.xlsx】为例，讲解在表格数据中找最大值和最小值的方法。

📢 Step01：求销量最大值。如图2-33所示，❶选中【E14】单元格，在编辑栏中输入求最大值的函数，❷按【Enter】键即可完成最大值查找。

📢 Step01：求销量最小值。如图2-34所示，❶选中【E15】单元格，在编辑栏中输入求最小值的函数，❷按【Enter】键即可完成最小值查找。

D14		×	✓	fx	=MAX(B2:E13) ❶
	A	B	C	D	E
1	时间	商品A	商品B	商品C	商品D
2	1月	152	524	654	654
3	2月	425	152	425	854
4	3月	65	654	125	1582
5	4月	84	152	425	425
6	5月	452	425	654	654
7	6月	425	654	425	524
8	7月	654	425	415	568
9	8月	1532	854	254	748
10	9月	46	452	152	595
11	10月	524	156	542	758
12	11月	524	654	654	485
13	12月	658	452 ❷	425	520
14			最高销量		1582

图2-33　求销量最大值

D15		×	✓ ❶		=MIN(B2:E13)
	A	B	C	D	E
1	时间	商品A	商品B	商品C	商品D
2	1月	152	524	654	654
3	2月	425	152	425	854
4	3月	65	654	125	1582
5	4月	84	152	425	425
6	5月	452	425	654	654
7	6月	425	654	425	524
8	7月	654	425	415	568
9	8月	1532	854	254	748
10	9月	46	452	152	595
11	10月	524	156	542	758
12	11月	524	654	654	485
13	12月	658	452	425	520
14			最高销量		1582
15			最低销量 ❷		46

图2-34　求销量最小值

 2.3.4 **RANK函数，算出排名就是这么简单**

 赵哥

张总让小强统计员工业绩排名，这可是在日常工作中比较常见的工作。这个时候就要用到**RANK函数**，该函数可以返回一个数值在一组数据中的排名。其函数语法：=RANK(number,ref,order)。该语法表示=RANK(需要排名的数据,数据组区域,排名方式)。如果排名方式为0或不输入，得到的就是从大到小的排名，如果想求倒数第几的排名就输入1。

下面以【绩效考核.xlsx】为例讲解计算数据排名的方法。

📢 Step01：输入排名计算函数。如图2-35所示在【G2】单元格中输入计算排名的函数，该函数表示，计算【F2】单元格中的数据在【F2:F16】单元格区域中的排名。因为往下复制函数时，需要保证数据组区域不变，所以这里使用了绝对引用符号。完成输入后，按【Enter】键即可计算出排名结果。

📢 Step02：复制函数。如图2-36所示，向下复制函数，就可以完成所有员工的销量排名统计。

图2-35 输入排名计算函数

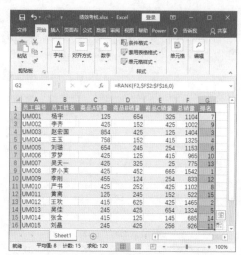

图2-36 复制函数

2.3.5 COUNT函数，计数统计不求人

小强

本以为数量统计再也难不倒我了。谁知，今天张总让我统计食品类商品的种数，需要进行计数，而非求和运算。最后请教了赵哥才知道要用计数函数COUNT。**该函数可以计算包含数字的单元格个数，其函数语法：= COUNT(value1, [value2], ...)。语法表示=COUNT(要计算数字个数的第1个单元格区域,第2个单元格区域……)。**

例如在【商品类型统计.xlsx】表中，当类型代码为字母时，表示日用品类商品，当类型代码为数字时，表示食品类商品。要想统计出有多少种食品，只需要计算有多少个单元格包含数字型代码。具体计算方法如下。

如图2-37所示，在【E14】单元格中输入函数。该函数表示，统计【C2:C13】单元格区域内，包含数字的单元格个数。完成输入后，按【Enter】键即可统计出食品类商品的数量，结果如图2-38所示。

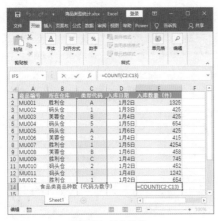

图2-37　输入函数

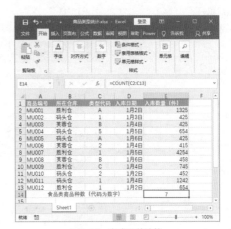

图2-38　完成函数计算

2.3.6　PRODUCT函数，乘积计算就在一瞬间

　小强

　　随着函数学习的深入，我更好地理解"函数是智能的公式"这句话的含义了。就拿乘法运算来说，使用函数进行乘法运算比公式更加简便。**乘法运算的函数是PRODUCT函数，其函数语法是：= PRODUCT(number1, [number2], ...)。语法表示：= PRODUCT(要相乘的第1个数字或区域,第2个数字或区域……)。**

　　下面以【销售额统计.xlsx】表格为例，讲解如何使用PRODUCT函数计算商品打折后的销售额。

Step01：输入函数。如图2-39所示，在【E2】单元格中输入函数，该函数表示让【B2】单元格的数据乘以1-【C2】单元格的数据，再乘以【D2】单元格的数据，得到的结果是商品打折后的实际售价乘以销量，就等于销售额。完成函数输入后按【Enter】键完成计算。

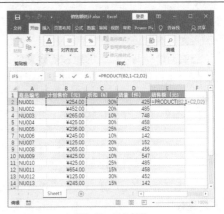

图2-39　输入函数

45

Step02：复制函数。如图2-40所示，向下复制函数，便可计算出所有商品的销售额。

图2-40 复制函数

2.3.7 IF函数，逻辑条件判断交给它

赵哥

　　张总让小强判断预算是否超出，以及业务员的表现，这可急坏了小强，毕竟这项任务不能通过输入函数再选择数据区域就完成计算。但是在Excel中，有逻辑判断函数IF函数，这个函数的使用频率极高，不可不学。

　　IF函数基础的用法是，根据指定的条件来判断其"真"（TRUE）、"假"（FALSE）。其语法是：=IF(logical_test,value_if_true,value_if_false)。语法表示=IF(逻辑表达式,逻辑为真时返回的值,逻辑为假时返回的值)。

　　当有两个和两个以上的逻辑需要判断时，可以使用多个IF语句，即IF函数嵌套使用。表达式写法为：=IF(logical_test1,"A", IF(logical_test2,"B",IF(logical_test3,"C"……)))。该表达式表示，如果第一个逻辑表达式logical_test1成立，则返回"A"；如果不成立，则计算第二个逻辑表达式logical_test2，第二个表达式成立，则返回"B"，以此类推。

1 IF函数基础用法

　　下面以【预算统计.xlsx】表为例，讲解如何用IF函数判断各项目是否超出预算。
　　在本案例中，张总要小强判断实际花费是否超过预算，预算表数据如图2-41所示。

	A	B	C	D	E
1	项目名称	负责人	预算（元）	实际花费（元）	是否超过预算
2	办公室绿化	王丽	21542	32615	
3	桌椅购买	赵强	32654	24516	
4	员工安家	王丽	95487	84562	
5	促销兼职	李启红	5215	6425	
6	网络广告	赵骊鸿	2345	3254	
7	YB15发布会	刘萌	9246	124569	
8	经销商会议	王丽	5261	4251	
9	客户回馈	刘萌	9546	6598	
10	新品研发	赵强	42516	32546	

图2-41　预算表数据

根据IF函数的语法：=IF(logical_test,value_if_true,value_if_false)可知以下内容。

其逻辑表达式为：D2>C2。如果【D2】单元格的实际花费确实大于【C2】单元格的预算费用，则表达式成立，为TRUE；反之，则不成立，为FALSE。

当"D2>C2"成立时，返回TRUE值，而TRUE值为"超过"。因此实际花费大于预算时，会返回"超过"这样的文字内容。

当"D2>C2"不成立时，返回FALSE值，而FALSE值为"没超过"。因此实际花费没有超过预算时，会返回"没超过"这样的文字内容。

用IF函数判断实际花费是否超过预算，函数的判断流程示意图如图2-42所示。

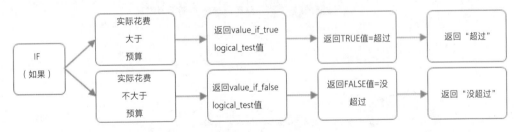

图2-42　IF函数判断流程

使用IF函数进行费用预算判断，具体步骤如下。

Step01：选择IF函数。如图2-43所示，❶选中【E2】单元格，❷单击【插入函数】按钮，❸选择【IF】函数。

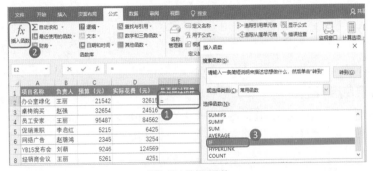

图2-43　选择IF函数

47

Step02：设置函数参数。如图2-44所示，❶在【函数参数】对话框中，设置IF函数的参数值，❷单击【确定】按钮。

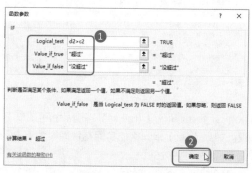

图2-44　设置函数参数

Step03：完成函数参数设置后，复制函数覆盖所有的项目，结果如图2-45所示，可以直接看出各项目的费用预算是否超支，快速完成了逻辑判断。

	A	B	C	D	E
1	项目名称	负责人	预算（元）	实际花费（元）	是否超过预算
2	办公室绿化	王丽	21542	32615	超过
3	桌椅购买	赵强	32654	24516	没超过
4	员工安家	王丽	95487	84562	没超过
5	促销兼职	李启红	5215	6425	超过
6	网络广告	赵璐鸿	2345	3254	超过
7	YB15发布会	刘萌	9246	124569	超过
8	经销商会议	王丽	5261	4251	没超过
9	客户回馈	刘萌	9546	6598	没超过
10	新品研发	赵强	42516	32546	没超过

E2　fx =IF(D2>C2,"超过","没超过")

图2-45　完成判断

温馨提示

IF函数中，如果TRUE或FALSE的值为空值，则返回 0（零）。

2 嵌套使用IF函数

理解了IF函数的运算逻辑后，就可以使用多个IF函数的嵌套来解决多重问题判断。例如在【业务员表现等级.xlsx】表格中，要根据业务员的销售额来判断业务员的等级，当销售额<50000元时，等级为

"较差"；当销售额>50000元且<80000元时，等级为"良好"；当销售额>80000元时，等级为"优秀"。其判断思路如图2-46所示。

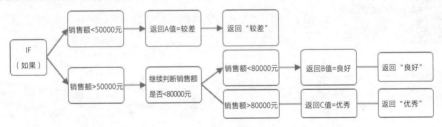

图2-46 IF嵌套函数判断流程

Step01：输入函数。如图2-47所示，选中【E2】单元格，直接输入函数。完成函数输入后，按【Enter】键，即可完成E2单元格的业务表现判断。

IF		× ✓ fx	=IF(D2<50000,"较差",IF(D2<80000,"良好",IF(D2>80000,"优秀")))						
	A	B	C	D	E	F	G	H	I	J
1	业务员	销量（件）	售价（元）	销售额（元）	业务表现				
2	李高磊	596	150	89,400	=IF(D2<50000,"较差",IF(D2<80000,"良好",IF(D2>80000,"优秀")))
3	陈文强	854	106	90,524					
4	陈 丽	125	121	15,125					
5	张 茹	265	111	29,415					
6	赵庆刚	425	95	40,375					
7	王小芝	125	84	10,500					
8	陈 莹	654	130	85,020					
9	侯 月	84	154	12,936					
10	刘克光	1,245	95	118,275					
11	白 冬	2,654	100	265,400					
12	刘思文	1,245	164	204,180					
13	张艳春	625	154	96,250					

图2-47 输入函数

Step02：完成E2单元格的业务表现判断后，复制函数，完成其他业务员的表现判断，结果如图2-48所示。

E9		× ✓ fx	=IF(D9<50000,"较差",IF(D9<80000,"良好",IF(D9>80000,"优秀")))					
	A	B	C	D	E	F	G	H
1	业务员	销量（件）	售价（元）	销售额（元）	业务表现			
2	李高磊	596	150	89,400	优秀			
3	陈文强	854	106	90,524	优秀			
4	陈 丽	125	121	15,125	较差			
5	张 茹	265	111	29,415	较差			
6	赵庆刚	425	95	40,375	较差			
7	王小芝	125	84	10,500	较差			
8	陈 莹	654	130	85,020	优秀			
9	侯 月	84	154	12,936	较差			
10	刘克光	1,245	95	118,275	优秀			
11	白 冬	2,654	100	265,400	优秀			
12	刘思文	1,245	164	204,180	优秀			
13	张艳春	625	154	96,250	优秀			

图2-48 完成计算

2.3.8 **字符提取，再也不怕信息混乱**

 小 强

　　哈哈，我又发现了一种好玩的函数，那就是字符提取函数，可以提取单元格中左边、中间、右边指定数量的字符。这样一来，轻松提取商品编码、拆分单元格信息再也难不倒我了。最重要的三大字符函数提取函数如下。

　　LEFT函数用于从一个文本字符串的左边第一个字符开始返回指定个数的字符。语法为：=LEFT(string, n)，语法表示=LEFT(要提取字符串的区域,提取字符数)。

　　RIGHT函数的用法和LEFT函数的用法类似，只不过RIGHT函数是从右边开始提取。

　　MID函数作用是从字符串中间提取字符，语法为：=MID(text, start_num, num_chars)，语法表示=MID(要提取字符串的区域,从左起第几位开始提取,提取的长度)。

　　下面以【商品编码拆分.xlsx】表格为例，讲解如何通过提取字符来解决实际问题。

　　在本例中，需要根据商品编码信息判断商品所在仓库、商品类型和销售状态。其中，"BNUF"为"胜利仓"，"NMNY"为"和平仓"，"AMBJ"为"中和仓"；数字"1"开头的为"食品"，"5"开头的为"办公品"；结尾为"1"表示"售出"，为"2"表示"未售"，为"0"表示"退货"。

　　因此，解决思路是，通过字符串提取函数来拆分编码，再通过IF函数进行判断，具体方法如下。

Step01： 提取左边的字符。如图2-49所示，在【F2】单元格中输入LEFT函数，提取【A2】单元格左边的4个字符，即商品仓库编码，然后向下复制函数。

IF	▾	⋮	×	✓	fx	=LEFT(A2,4)		
▲	A	B	C	D	E	F	G	H
1	商品编码	所属仓库	商品类型	销售状态		仓库编码	商品首字母	结尾字母
2	BNUF12452-1					=LEFT(A2,4)		
3	NMNY52163-2							
4	BNUF12456-2							

图2-49　提取左边的字符

Step02： 提取中间的字符。如图2-50所示，在【G2】单元格中输入MID函数，从【A2】单元格第5个字符开始，提取1个字符，即商品编码的首字符，然后向下复制函数。

图2-50 提取中间的字符

🔊 Step03：提取右边的字符。如图2-51所示，在【H2】单元格中输入RIGHT函数，提取【A2】单元格右边的1个字符，即商品编码的结尾字符，然后向下复制函数。

IF					fx	=RIGHT(A2,1)			
	A	B	C	D	E		F	G	H
1	商品编码	所属仓库	商品类型	销售状态			仓库编码	商品首字母	结尾字母
2	BNUF12452-1						BNUF	1	=RIGHT(A2,1)
3	NMNY52163-2						NMNY	5	
4	BNUF12456-2						BNUF	1	
5	BNUF12484-0						BNUF		

图2-51 提取右边的字符

🔊 Step04：判断所在仓库。如图2-52所示，在【B2】单元格中输入IF嵌套函数，判断商品所在仓库，然后向下复制函数。

B2					fx	=IF(F2="BNUF","胜利仓",IF(F2="NMNY","和平仓",IF(F2="AMBJ","中和仓")))				
	A	B	C	D	E		F	G	H	I
1	商品编码	所属仓库	商品类型	销售状态			仓库编码	商品首字母	结尾字母	
2	BNUF12452-1	胜利仓					BNUF	1	1	
3	NMNY52163-2						NMNY	5	2	
4	BNUF12456-2						BNUF	1	2	
5	BNUF12484-0						BNUF	1	0	
6	AMBJ52813-2						AMBJ	5	2	

图2-52 判断所在仓库

🔊 Step05：判断商品类型。如图2-53所示，在【C2】单元格中输入IF嵌套函数，判断的类型，然后往下复制函数。

C2					fx	=IF(G2="1","食品",IF(G2="5","办公品"))			
	A	B	C	D	E		F	G	H
1	商品编码	所属仓库	商品类型	销售状态			仓库编码	商品首字母	结尾字母
2	BNUF12452-1	胜利仓	食品				BNUF	1	1
3	NMNY52163-2	和平仓					NMNY	5	2
4	BNUF12456-2	胜利仓					BNUF	1	2
5	BNUF12484-0	胜利仓					BNUF	1	0
6	AMBJ52813-2	中和仓					AMBJ	5	2

图2-53 判断商品类型

📢 Step06：判断商品销售状态。如图2-54所示，在【D2】单元格中输入IF嵌套函数，判断商品的销售状态，然后往下复制函数。

	A	B	C	D	E	F	G	H
							fx	=IF(H2="1","售出",IF(H2="2","未售",IF(H2="0","退货")))

	A	B	C	D	E	F	G	H
1	商品编码	所属仓库	商品类型	销售状态		仓库编码	商品首字母	结尾字母
2	BNUF12452-1	胜利仓	食品	售出		BNUF	1	1
3	NMNY52163-2	和平仓	办公品	未售		NMNY	5	2
4	BNUF12456-2	胜利仓	食品	未售		BNUF	1	2
5	BNUF12484-0	胜利仓	食品	退货		BNUF	1	0
6	AMBJ52813-2	中和仓	办公品	未售		AMBJ	5	2
7	NMNY52112-1	和平仓	办公品	售出		NMNY	5	1

图2-54 判断商品销售状态

技能升级

　　使用LEFT、RIGHT、MID三个函数提取字符串时，可以结合FIND函数来使用（具体用法见第6章）。FIND函数可以定位字符串，从指定位置开始，返回找到的第一个匹配字符串的位置，而不管其后是否还有相匹配的字符串。例如【A2】单元格的数据为"NMNY5-21YB12"，要想提取符号"-"后面的字母YB，可以将表达式写为=GIRHT(A2,FIND("-"A2)+2,2)。该表达式表示，提取【A2】单元格中，"-"符号右边2位字符后面的2个字符。

高手指引 EXCEL函数与公式应用大全 案例视频教程（全彩版）

CHAPTER 3

数组公式，
让效率升级

很早就听说过数组公式的大名了，知道数组公式可以"以一敌十"，快速完成批量运算。可是我查了不少资料，越学越糊涂。数组公式究竟是什么？要怎么用？真是让人难以理解。相信不少初学者都有这样的困惑。

小 强

函数离开了数组公式，可谓是没有翅膀的老鹰，飞不上高空。数组公式可以对两组或两组以上的数据进行批量运算，从而大大提升Excel表格的数据运算效率。

学习数组公式，不要从难于理解的术语开始学习，而是将其结合到实际的工作和生活中。在理解了数组公式的原理后，再从Excel表格的性质出发，将数组公式的类型与表格性质一一对应，那么应用数组公式进行批量运算就指日可待了。

赵 哥

3.1 卖菜大婶都能学会的数组公式

小 强

赵哥，张总说我现在已经迈过函数的门槛了，于是又提出了新的要求，让我学会数组公式，否则后面的工作会让我加不少班！可是当我好不容易理解了数组公式的概念后，在运算规则上卡住了，这些规则也太抽象了吧！

赵 哥

小强，学会数组公式后，就能让函数的使用如虎添翼。学习数组你之所以感到吃力，是因为你把数组"妖魔化"了。**在学习数组公式时，千万不要"纸上谈兵"，而应打开Excel，边操作边理解，将数组的概念与表格特性结合起来，这样就不抽象了。**

 3.1.1 这样理解数组公式就对了

赵哥

其实数组公式一点都不难，它既接地气，又容易理解。即使是卖菜的大婶，也能学得会、用得上。数组公式的核心功能是批量运算，而批量运算在日常工作和生活中随处可见。快跟随我的思路来了解一下数组公式吧。

1 生活中的数组公式

现在先从一个简单的生活场景来理解数组公式。街边做蔬菜生意的大婶，销售4种蔬菜。由于长期蔬菜品质好，有了不少回头客，于是想每种蔬菜单价涨0.5元。那么问题来了，每种蔬菜涨价后的价格是分别多少？

如果将这个问题放到Excel中，需要将菜价逐一输入各单元格中，然后在C列使用数组公式批量计算涨价后的菜价，如图3-1所示。也就是说，C列中的数据，是【B2:B5】单元格区域中的每一个数据分别与0.5相加的结果，只不过这个求和不是分步进行的，而是批量进行的。

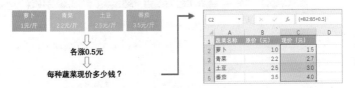

图3-1 用数组公式批量计算菜价

上面的例子有的人会觉得没有必要使用数组公式，因为这种简单的加法运算完全可以口算完成。那么问题升级，如果是要计算100种商品分别在原价的基础上，上涨1元后的价格呢？如果有200种商品，需要打9.5折，要计算打折后的结果呢？批量运算的数据越多，越有必要使用数组公式。

2 在Excel中理解数组公式

在Excel中进行数据运算，一般来说是对单元格中的数据进行运算。在单元格中输入数据，通常情况下有4种类型。

☆ 可以在一个单元格中输入数据，这个数就是一个单值，如图3-2所示。

☆ 可以在一行单元格中输入数据，因为只有横向这一个维度，因此这组数据就是一个一维的横向数组，如图3-3所示。

☆ 可以在一列单元格中输入数据，因为只有纵向这一个维度，因此这组数据就是一个一维的纵向数组，如图3-4所示。

☆ 可以在行和列中输入数据，因为既有横向维度又有纵向维度，因此这组数据是一个二维数组，如图3-5所示。

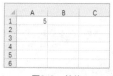
图3-2 单值

图3-3 一维横向数组

图3-4 一维纵向数组

图3-5 二维数组

因此，对Excel单元格中的数据进行批量运算，归纳起来一共有5种情况，如图3-6所示。

☆ 让一个单值与一组数进行批量运算。

☆ 让相同方向的数组进行批量运算，例如让一行数据批量与另外一行数据相乘。

☆ 让不同方向的数组进行批量运算，例如让一行数据批量与另外一列数据相加。

☆ 让一维数组与二维数组进行批量运算，例如让一行数据与另外一个2行3列的数组相乘。

☆ 二维数组之间的批量运算，例如让一个3行2列的数组与另外一个3行2列的数组相减。

图3-6 数组运算的类型

明白数组公式的类型后，接下来只需要明白这5种情况下的数组运算规则，就可以学会数组公式了。运算规则可以参阅3.1.2节。

3.1.2 掌握规则就能批量运算

赵 哥

在表格中对数组进行运算，需要根据规则来进行。数组之间的运算主要有5种，而**Excel就像一个媒婆，它要按照一定的规则让数据进行匹配，实现批量运算。**下面跟随我的思路来看看，这些规则是什么。

在Excel表中，将数组输入单元格中，通过选中单元格执行批量运算。这种保存于单元格中的数组称为区域数组。下面就来看看区域数组之间的运算规则。

1 单值&数组

单值与数组进行运算时。单值与数组中的每一个数分别进行运算，从而返回一个与原数组大小相同的数组。其运算规则如图3-7所示。

2 同向一维数组

相同方向的一维数组进行运算，会让数组对应位置的数据一一进行运算，生成一个相同大小的新的数组。其运算规则如图3-8所示。

同方向的一维数据要求数组的尺寸相同，否则就会返回【#N/A】错误，如图3-9所示。

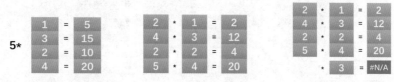

图3-7 单值与数组的运算　　图3-8 同向一维数组的运算　　图3-9 尺寸不同会发生错误

3 不同向一维数组

不同方向的一维数组间的运算，其实就是一个横向一维数组与一个纵向一维数组间的运算，其规则是数组中的每一个元素与另一个数组中的每个元素进行运算。

如图3-10所示，一个1*3的横向数组与一个4*1的纵向数组相乘，生成一个4*3大小的新的数组。

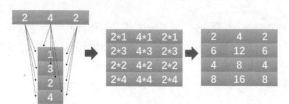

图3-10 不同向一维数组间的运算

4 一维数组&二维数组

一维数组与二维数组间的运算，要求同维度上的尺寸必须一致，否则会出现数据无法匹配的情况。同维度尺寸相同时，可在这个维度上进行对应的运算。如果数组间没有一个维度的尺寸是相同的，那么对应位置上没有数据匹配，则会返回【#N/A】错误。

如图3-11和图3-12所示分别是数组在纵向尺寸相同和横向尺寸相同时的运算。

图3-11　4*1的数组与4*2的数组运算，返回4*2大小的数组

图3-12　1*3的数组与4*3的数组运算，返回4*3大小的数组

二维数组&二维数组

在二维数组尺寸相同的前提下，二维数组可进行运算。运算规则是，对应位置的数据分别进行运算即可，生成的新数组与原数组尺寸相同。如果二维数组的尺寸不同，那么对应位置上没有匹配到数据的位置会返回【#N/A】错误。其运算规则如图3-13所示。

图3-13　尺寸相同的二维数组间的运算

3.1.3　动手编辑数组公式

小强

原来数组公式没有我想象中的难呀！现在我掌握了运算规则，心里痒痒的，好想打开表格尝试一下，感受一下弹指间完成批量运算的效率。不过赵哥提醒我，**要脚踏实地，认真学习数组的写法、符号规则，再动手编辑公式。**

常量数组的写法

在Excel表中进行数组运算，并不是所有参与运算的数据都需要事先输入单元格中。有时可以让数组以常量的方式，直接在公式中写入常量元素，保证其参与数据运算，这种类型的数组称为常量数组。

常量数组的写法是，用大括号【{}】将数组标识起来。如果数组中有文本，还需要用半角双引号【""】将文本括起来。如图3-14所示为常量数组的写法总结。

数组的符号

在编写常量数组时，数组元素之间用半角逗号【,】分隔，表示横向数组；用半角分号【;】分隔，表示纵向数组。图3-15所示是将一个常量数组输入表格中的效果。

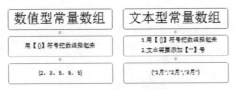

数值型常量数组
用【{}】符号把数组括起来
{2，3，5，6，5}
文本型常量数组
1.用【{}】符号把数组括起来
2.文本需要添加【""】号
{"1月","2月","3月"}

图3-14　常量数组的写法

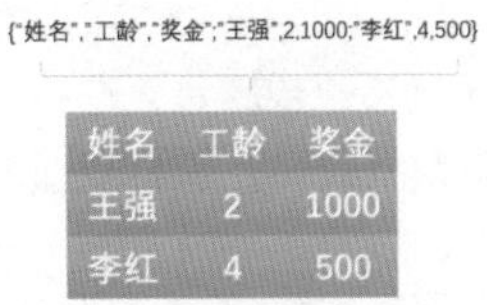

{"姓名","工龄","奖金";"王强",2,1000;"李红",4,500}
姓名 工龄 奖金
王强 2 1000
李红 4 500

图3-15　常量数组的符号应用

3 便捷输入数组的方法

在输入常量数组时，比较麻烦。但是从图3-15中可以看出，常量数组与单元格中的区域数组是相对应的，因此可以借助单元格来便捷地输入常量数组。

如图3-16所示，在【A1:C3】单元格区域中输入数组内容，选中【E1】单元格，输入公式【=A1:C3】，按【F9】键，就可以将选中区域的内容转换成常量数组了。

A1
=A1:C3
姓名 工龄 奖金
王强 2 1000
李红 4 500
=A1:C3
={"姓名","工龄","奖金";"王强",2,1000;"李红",4,500}

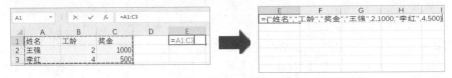

图3-16　快速将单元格中的内容转换成常量数组

4 编辑数组公式

数组公式与普通公式一样，也需要输入【=】号后再输入公式。不同的是，完成数组公式输入后，需要按【Ctrl+Shift+Enter】组合键完成公式的编辑。当完成公式编辑后，在编辑栏中会看到数组公式的首尾自动添加了大括号【{}】。

假如现在有多件商品需要计算销售额，通过数组公式，可以让计算一步到位，而不用复制公式。如图3-17所示，选中【E2:E12】单元格区域，输入公式【=C2:C12*D2:D12】，按【Ctrl+Shift+Enter】组合键，即可完成公式编辑。此时便快速计算出了所有商品的销售额，并且在编辑栏中可以看到数组公式添加了大括号【{}】，如图3-18所示。

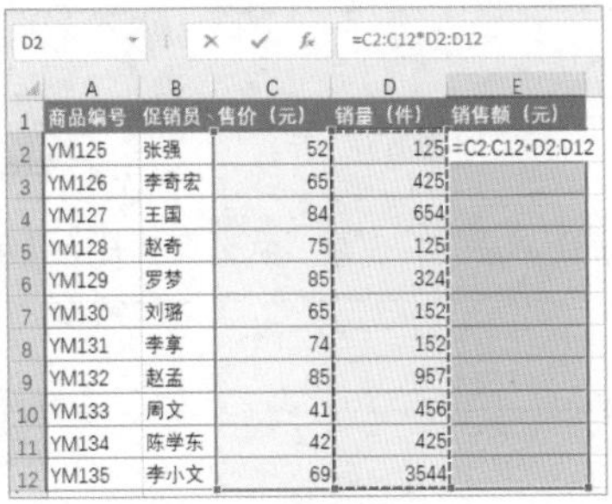

D2　=C2:C12*D2:D12

商品编号	促销员	售价（元）	销量（件）	销售额（元）
YM125	张强	52	125	=C2:C12*D2:D12
YM126	李奇宏	65	425	
YM127	王国	84	654	
YM128	赵奇	75	125	
YM129	罗梦	85	324	
YM130	刘璐	65	152	
YM131	李享	74	152	
YM132	赵孟	85	957	
YM133	周文	41	456	
YM134	陈学东	42	425	
YM135	李小文	69	3544	

图3-17　输入数组公式

E2　{=C2:C12*D2:D12}

商品编号	促销员	售价（元）	销量（件）	销售额（元）
YM125	张强	52	125	6500
YM126	李奇宏	65	425	27625
YM127	王国	84	654	54936
YM128	赵奇	75	125	9375
YM129	罗梦	85	324	27540
YM130	刘璐	65	152	9880
YM131	李享	74	152	11248
YM132	赵孟	85	957	81345
YM133	周文	41	456	18696
YM134	陈学东	42	425	17850
YM135	李小文	69	3544	244536

图3-18　完成公式计算

5 修改和删除数组公式

数组公式不仅编辑方法与普通公式不同，修改和删除的方法也有所不同。因为数组公式是针对多个单元格的数据进行运算，在完成公式编辑后，如果想再次编辑和修改公式，不能单独选中公式区域中的

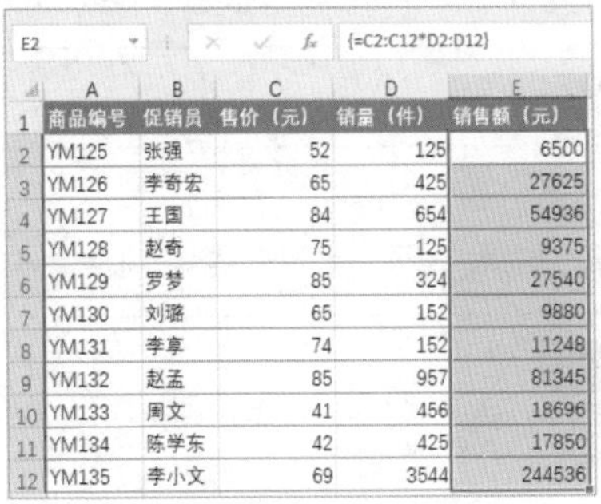

部分单元格进行修改。如果修改数组公式中部分单元格中的公式，会弹出如图3-19所示的提示对话框。

数组公式的正确修改步骤是，选中公式所在的所有单元格区域，按【F2】键进入编辑状态，或者直接在编辑栏中编辑数组公式，如图3-20所示。完成修改后，按【Ctrl+Shift+Enter】组合键，即可完成公式的修改。

图3-19　不能修改数组公式的部分区域

图3-20　选中数组公式所在的所有单元格区域再修改

如果需要删除数组公式，同样需要选中数组公式包含的所有单元格区域，再按【Delete】键删除。这里有一个小技巧，选中数组公式包含的任意单元格，按【Ctrl+/】组合键，就可以快速选中数组公式包含的所有单元格区域了。

3.2　用数组轻松提升统计效率

张 总

小强，公司的一批新产品已经上市销售一段时间了，接下来我需要你快速统计一下商品的销售情况，包括所有商品的实际利润、总销售额、前三名商品销量总和。

小 强

赵哥，张总给我布置的这些任务，似乎都可以用普通的公式函数来实现，我现在就开始动手工作。

赵 哥

等等，小强你先别急。做工作时要多思考，有没有更快捷的方法。你已经掌握了数组公式的编辑方法，**为何不利用数组公式来批量计算商品利润和销量？数组公式非常灵活，不仅可以在多个单元格中使用，还能在单个单元格中使用。**

3.2.1 一键计算所有商品的实际利润

小强

计算实际利润，我之前的方法是，计算出第一种商品的利润，再复制公式。现在我学会了数组公式，就可以一键完成计算了。不过一开始我也出了点错。我在编辑公式时，还是像编辑普通公式那样，针对单个单元格进行运算。经过赵哥的指点，我牢记了一点——**数组公式是对多个单元格区域进行运算的公式**。

数组公式可以对相同数量的行和列单元格区域进行批量运算，返回一个与原区域相同的计算结果区域，这就是同向一维数组之间的运算。

例如在【利润计算.xlsx】表中，要在F列计算利润，需要用C列的售价减去B列的进价，再乘以D列的销量，最后减去E列的人工成本即可。下面来看具体的操作步骤。

Step01：输入数组公式。如图3-21所示，同时选中【F2:F15】单元格区域，输入数组公式，在输入公式时，也可以用鼠标拖动选择要计算的单元格区域。

Step02：完成公式计算。完成公式编辑后，按【Ctrl+Shift+Enter】组合键，即可一键计算出所有商品的利润，结果如图3-22所示。

IFS ✕ ✓ *fx* =(C2:C15-B2:B15)*D2:D15-E2:E15

	A	B	C	D	E	F
1	商品编码	进价	售价	销量	人工成本	利润
2	OM125	125	197	125	3000	E2:E15
3	OM126	124	188	4152	6000	
4	OM127	162	238	325	3000	
5	OM128	425	569	425	7000	
6	OM129	245	316	125	3000	
7	OM130	325	418	125	3000	
8	OM131	425	566	325	5000	
9	OM132	125	288	452	3000	
10	OM133	425	666	125	7000	
11	OM134	325	428	325	3000	
12	OM135	425	618	324	6000	
13	OM136	654	799	125	8000	
14	OM137	125	199	654	3000	
15	OM138	129	219	1258	3000	

图3-21 输入数组公式

F2 ✕ ✓ *fx* {=(C2:C15-B2:B15)*D2:D15-E2:E15}

	A	B	C	D	E	F
1	商品编码	进价	售价	销量	人工成本	利润
2	OM125	125	197	125	3000	6000
3	OM126	124	188	4152	6000	259728
4	OM127	162	238	325	3000	21700
5	OM128	425	569	425	7000	54200
6	OM129	245	316	125	3000	5875
7	OM130	325	418	125	3000	8625
8	OM131	425	566	325	5000	40825
9	OM132	125	288	452	3000	70676
10	OM133	425	666	125	7000	23125
11	OM134	325	428	325	3000	30475
12	OM135	425	618	324	6000	56532
13	OM136	654	799	125	8000	10125
14	OM137	125	199	654	3000	45396
15	OM138	129	219	1258	3000	110220

图3-22 完成公式计算

3.2.2 快速统计销售单中的总销售额

理解了数组公式的概念不代表可以灵活应用数组公式。今天我统计销售单中的总销售额才发现，原来**数组函数与公式结合，可以在单个单元格中进行计算**。学会这一招，我又提升了工作效率。

下面以【销售单.xlsx】表为例，计算所有商品的总销售额。其计算原理是，用数组公式批量计算出B列和C列不同商品的销售额，然后使用SUM函数对销售额求和，将计算结果放到【C12】单元格中。具体操作方法如下。

📢 Step01：输入数组公式。如图3-23所示，在【C12】单元格中输入公式。

📢 Step02：完成计算。按【Ctrl+Shift+Enter】组合键，即可完成总销售额计算，如图3-24所示。

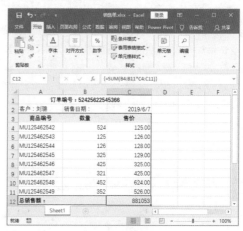

图3-23 输入数组公式　　　　　　　　　图3-24 完成计算

温馨提示

在本例的数组公式中，【B4:B11*C4:C11】计算出了不同商品的销售额，其结果为{65500;15750;16128;41925;138125;136425;282048;185152}。只不过这样的结果值没有存储在单元格区域中，而是临时存储在内存中，计算时看不到而已。这样的数组称为内存数组，内存数组可作为一个整体参与到公式的其他计算步骤中。

3.2.3 快速统计前三名商品总销量

小强

　　数组函数与公式结合，水太深了！我正得意于学会了这一妙招，结果当我统计前三名商品销量和时，就傻眼了，**结合SUM求和函数、LARGE求最大值函数还不够。请教了赵哥我才知道，还需要使用INDIRECT函数来引用商品排名后的值。**

　　下面以【片区销量统计.xlsx】表为例，计算所有片区中，前三名销量之和。其原理是，用LARGE函数和ROW函数求出【B2:E14】区域中最大的3个数，再用SUM函数和INDIRECT来将这3个和进行求和统计。具体计算方法如下。

Step01：输入数组公式。如图3-25所示，在【E15】单元格中，输入数组公式。

Step02：按【Ctrl+Shift+Enter】组合键，即可完成前三名销量统计，如图3-26所示。

图3-25　输入数组公式　　　　　　　　　　图3-26　完成计算

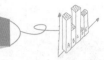

3.3 用数组高效提取数据

张 总

小强，公司每天都会产生大量的数据，接下来不仅需要你整理数据，还需要你根据要求制作商品查询表，这样才能合理高效地利用数据表。

小 强

张总，我在数组公式的路上越学越深入，已经在开始学习用数组公式提取数据了，相信能很快完成您布置的任务！

 3.3.1 用数组快速生成销售统计表

赵 哥

将数组公式与查找函数相结合，可以提升数据的提取效率。例如**使用查找引用函数VLOOKUP函数，一次只能提取一列数据**，而商品销售统计表中，要根据商品中的编号，统计商品的名称、业务员、售价，即**一次性提取3列数据，此时就需要用数组公式了**。

下面以【7月销售表.xlsx】为例，讲解如何快速统计已售出商品中的信息。其思路为，用VLOOKUP函数同时提取第一行的三列数据，然后复制公式。公式中的{2,3,4}表示提取第二列、第三列、第四列数据。具体方法如下。

Step01：输入公式。如图3-27所示，选中【C3:E3】三个单元格，输入公式【=VLOOKUP(B3,G\$3:J\$8,{2,3,4},0)】，然后按【Ctrl+Shift+Enter】组合键，即可快速提取第一个销售日期下的商品信息。

图3-27　输入公式

📢 Step02：复制公式。选中【C3:E3】三个单元格，将光标放到单元格区域右下角，按住鼠标左键不放，往下拖动复制公式，如图3-28所示。此时就快速完成所有商品的信息提取，结果如图3-29所示。

图3-28　复制公式

图3-29　生成销售统计表

 3.3.2 用数组公式制作多条件商品查询表

小强

赵哥，看来我对数组公式还不够熟悉。我现在需要做商品多条件查询表，张总说可以用数组公式来完成，我却没思路，只有求助您了。

赵哥

小强，用数组公式来实现数据查询，是数组公式的一大功能。因为数组公式可以将结果存储到内存中，再根据条件提取满足条件的数据。要实现这一功能，往往需要结合INDEX、MATCH等查找与引用函数。你快去了解一下这类函数，然后动手编辑数组公式吧！

下面以【查询表.xlsx】为例，计算如何根据多个条件查询商品的销量。其思路如下。

先用文本连接符号【&】，将【B2:B14】单元格区域与【C2:C14】单元格区域连接，生成大小相同的数组，即{"李奇A区";"赵阳A区";"王国宏A区"……}这样的一个内存数组。

然后利用MATCH函数进行精确匹配，将【G2&G3】的值与前面生成的内存数组进行匹配定位。匹配到后，再用INDEX函数在E列中查找对应的销量值。具体操作方法如下。

Step01： 输入公式。如图3-30所示，在【G4】单元格中输入数组公式【=INDEX(D2:D14,MATCH(G2&G3,B2:B14&C2:C14,0))】。

Step02： 使用查询表。完成公式输入后，按【Ctrl+Shift+Enter】组合键，完成查询表制作。此时就可以使用查询表了，修改业务员名称及销售片区，即可得到相应业务员在相应销售片区的销量数据，如图3-31所示。

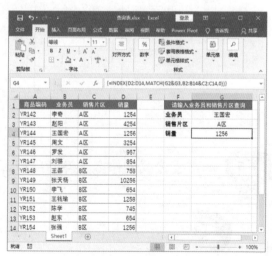

图3-30　输入公式　　　　　　　　　　图3-31　使用查询表

3.4 用数组灵活筛选排序数据

赵哥

小强，你现在已经学会基本的数组公式用法了，我给你升级一下难度。**数组公式还可以对数据进行筛选排序，只不过在编辑公式时，需要结合其他函数，公式往往也比较长。** 你可以先将数组排序筛选的用法了解一下，等学习了更多函数时，再回过头来巩固复习。

小强

赵哥，函数学习真是永无止境啊！我这才松了一口气，以为自己过了数组的关，谁知你提到了数组的筛选排序，我查看了几个案例，哎哟，这可真复杂，我得花时间好好学习了。

3.4.1 筛选出唯一的商品名称

小强

每次整理数据都让我很头疼。这不，张总又给我布置任务了。给了我一张不同业务员的销售汇总表，让我统计一下全年销售了多少种商品。

我分析了一下，我需要做的是筛选出唯一的商品名称。赵哥给我写了一个数组公式让我套用，数组公式真是让我大开眼界啊。

下面以【商品统计表.xlsx】为例，讲解如何从重复的商品名称中筛选出唯一的商品名称。具体方法如下。

Step01：输入公式。如图3-32所示，在【G3】单元格中输入公式【=INDEX($B:$B,MIN(IF(COUNTIF($G$2:G2,$B$3:$B$31),2^20,ROW($B$3:$B$31))))&""】。公式中的【$G$2:G2】表示，对于公式所在的单元格，它必须能够包含该单元格之前所有已经产生结果的区域。例如当公式填充到【G6】单元格时，这个区域就是【G2:G5】，能包含【G3】单元格和【G4】单元格已经产生的两个结果。

图3-32　输入公式

Step02：复制公式。 完成公式输入后，按【Ctrl+Shift+Enter】组合键，即可提取第一个唯一的商品名称。向下复制公式，如图3-33所示。

Step03：输入编号。 将唯一的商品名称提取出来后，再输入商品编号，即可完成商品种类的统计，如图3-34所示。

图3-33　复制公式

图3-34　输入编号

3.4.2　按利润对商品进行排序

小强

　　数组公式不仅可以用来筛选，还可以用来排序。例如我现在需要把利润数据按照从大到小的顺序排序，并且将正利润和负利润区分开来。其思路是结合LARGE函数、INDIRECT函数、ROW函数来实现排序。

68

下面以【利润排序.xlsx】表为例，讲解数组公式的排序方法。

Step01：输入公式。如图3-35所示，选中【D2:D12】需要放置排序结果的单元格区域，输入公式【=LARGE(B2:B12,ROW(INDIRECT("1:"&ROWS(B2:B12))))】。

Step02：完成计算。完成公式输入后，按【Ctrl+Shift+Enter】组合键，即可看到排序结果，如图3-36所示。

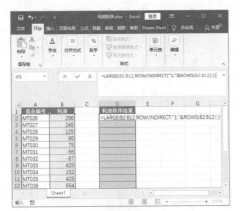

图3-35　输入公式

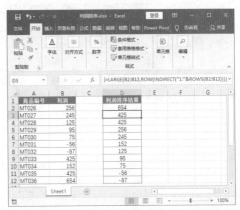

图3-36　完成计算

3.4.3 对销量排序，排序结果显示为商品名称

小强

赵哥，你昨天教我的用数组排序的方法很好用。但是**有一个弊端**：例如用数组公式对利润排序后，只会显示利润排序的结果，而不会让利润对应的商品编号调整对应的位置。我今天要对销量进行排序，所以请教一下你，可以将排序结果显示为商品名称吗？

赵哥

小强，你提的这个问题很好，答案是肯定的。

要想让销量排序结果显示为商品名称，**需要用到INDEX引用函数，让公式根据排序结果，引用商品的名称**。

下面以【销量排序.xlsx】表为例，讲解排序后显示商品名称的方法。

📢 Step01：输入公式。如图3-37所示，选中【D2:D13】单元格区域，输入公式【=INDEX($B$2:$B$13, MATCH(LARGE($D$2:$D$13,ROW() −1),$D$2:$D$13,0)) 】。

| IFS | ▼ | × ✓ fx | =INDEX($B$2:$B$13,MATCH(LARGE($D$2:$D$13,ROW() -1),$D$2:$D$13,0)) |

	A	B	C	D	E	F	G	H	I
1	商品编号	商品名称	单位	售价	销量		销量排序结果		
2	MP215	牛奶	袋	2.50	155		$D$2:$D$13,0))		
3	MP216	面包	个	5.50	654				
4	MP217	可乐	瓶	3.00	125				
5	MP218	花生酱	瓶	6.90	425				
6	MP219	方便面	袋	3.50	325				
7	MP220	橙子	箱	19.90	425				
8	MP221	面条	袋	6.00	654				
9	MP222	沙拉酱	瓶	12.00	425				
10	MP223	怪味胡豆	袋	6.80	324				
11	MP224	开心豆	袋	6.60	152				
12	MP225	薯片	袋	9.00	425				
13	MP226	卫生纸	袋	25.60	654				
14									

图3-37 输入公式

📢 Step02：完成计算。完成公式输入后，按【Ctrl+Shift+Enter】组合键，即可看到排序结果按照销量从大到小的顺序，显示商品的名称，如图3-38所示。

| G7 | ▼ | × ✓ fx | {=INDEX($B$2:$B$13,MATCH(LARGE($D$2:$D$13,ROW() -1),$D$2:$D$13,0))} |

	A	B	C	D	E	F	G	H	I
1	商品编号	商品名称	单位	售价	销量		销量排序结果		
2	MP215	牛奶	袋	2.50	155		卫生纸		
3	MP216	面包	个	5.50	654		橙子		
4	MP217	可乐	瓶	3.00	125		沙拉酱		
5	MP218	花生酱	瓶	6.90	425		薯片		
6	MP219	方便面	袋	3.50	325		花生酱		
7	MP220	橙子	箱	19.90	425		怪味胡豆		
8	MP221	面条	袋	6.00	654		开心豆		
9	MP222	沙拉酱	瓶	12.00	425		面条		
10	MP223	怪味胡豆	袋	6.80	324		面包		
11	MP224	开心豆	袋	6.60	152		方便面		
12	MP225	薯片	袋	9.00	425		可乐		
13	MP226	卫生纸	袋	25.60	654		牛奶		

图3-38 完成计算

高手指引 EXCEL函数与公式应用大全　案例视频教程（全彩版）

CHAPTER 4

财务函数，再也不算糊涂账

不会做饭的裁缝不是一个好司机！在这个高速发展的时代，我的危机感越来越强，逐渐意识到只有复合型人才才能在职场中立于不败之地。

最近张总交给我一些"出乎意料"的任务，他让我计算项目投资、收益、资产价值等。我不是财务人员出身，只好"赶鸭子上架"，开始学习财务函数。

学着学着我发现，财务函数真的是每个人必学的函数，既能帮助个人理财，还能解决工作任务，真是两全其美呀！

小 强

嘿嘿，小强，那你得感谢张总让你学会了财务函数呀。财务函数乍一看，眼花缭乱，什么收益、折旧值……光是这些术语就让人望而却步了。

事实上，无论是办公应用还是财务统计，财务函数都使用频繁。财务函数可以帮助我们轻松计算贷款应偿还本金的利息、估算资产、理性投资等。财务函数的语法规则相对比较简单，在学习财务函数时，只要花几分钟耐心了解一下财务术语，再结合函数规则，很快就能学会了。

赵 哥

4.1 将本金和利息算得明明白白

小 强

赵哥，昨天开会，张总说后面需要我对公司的小型投资项目进行估算。我很紧张，因为我完全不会财务函数。你快指点我一下。

赵哥

小强，看把你急成什么样了，函数又不是老虎。别怕！

为了便于你理解，这样吧，你不是刚买了房吗？你**先用房贷作为例子，计算本金和利息，待能熟练使用几个基本财务函数后，再过渡到投资理财**函数，这样学习你就能轻松不少。

 4.1.1 利息计算，会这3个函数就够了

小强

赵哥，你说得对，就从如何计算利息开始吧，毕竟房贷、车贷等需要计算利息的地方太多。

财务函数有3个，我静下心来理解才知道，原来CUMIPMT函数用于计算一笔贷款在指定期间累计需要偿还的利息数额；ISPMT函数用于计算等额本金每一期的利息；IPMT函数用于计算等额本息每一期的利息。看来利息计算，也没有想象中的难嘛！

 用CUMIPMT函数计算两个还款期之间累计支付的利息

语法规则

函数语法：=CUMIPMT(rate,nper,pv,start_period,end_period,type)。

参数说明如下。

☆ rate（必选）：利率。

☆ nper（必选）：总付款期数。

☆ pv（必选）：现值。

☆ start_period（必选）：计算中的首期，付款期数从1开始计数。

☆ end_period（必选）：计算中的末期。

☆ type（必选）：付款时间类型，0为期末付款，1为期初付款。

下面以【CUMIPMT函数.xlsx】为例进行讲解。假设向银行贷款30万元，贷款期限为5年，年利率为10%，计算该笔贷款第一个月所支付的利息以及第一年所支付的总利息，方法如下。

📢Step01：计算第一个月利息。如图4-1所示，在【B8】单元格中输入公式【=CUMIPMT(B4/12,B3*12,B2,1,1,0)】。因为贷款年利率为10%，所以第一个参数rate需要除以12，才能得到月利率。同样的道理，总还款期数也应该用贷款年限乘以12。完成公式输入后，按【Enter】键即可计算出第一个月的利息。

📢Step02：计算第一年的总利息。如图4-2所示，在【B9】单元格中输入公式【=CUMIPMT(B4/12,B3*12,B2,1,12,0)】。计算第一年的利息，首期为开始付利息的第1个月，末期为第一年的最后一个月，即付利息的第12个月，因此start_period和end_period的值分别为1和12。完成公式输入后，按【Enter】键即可计算出第一年的总利息。

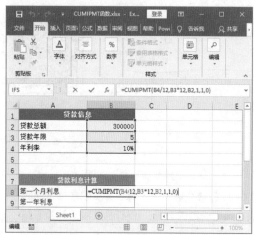

图4-1 计算第一个月利息

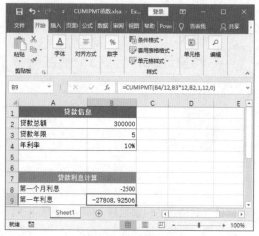

图4-2 计算第一年利息

 用ISPMT函数计算等额本金支付的利息

语法规则

函数语法：=ISPMT(rate,per,nper,pv)。

参数说明如下。

☆ rate（必选）：各期利率。

☆ per（必选）：计算利息的期数，此值必须在1～nper之间。

☆ nper（必选）：支付利息的总期数。

☆ pv（必选）：投资的当前值或贷款的数额。

下面以【ISPMT函数.xlsx】为例进行讲解。假设向银行贷款50万元，贷款方式为等额本金，贷款期限为10年，年利率为10%，计算该笔贷款第一个月所支付的利息以及第一年所支付的总利息，方法如下。

📢Step01：计算第一个月利息。如图4-3所示，在【B8】单元格中输入公式【=ISPMT(B4/12,1,B3*12,B2)】，按【Enter】键即可计算出第一个月的利息。

Step02：计算第一年的总利息。如图4-4所示，在【B9】单元格中输入公式【=ISPMT(B4,1, B3,B2)】，然后按【Enter】键即可计算出第一年的总利息。

图4-3　计算第一个月利息

图4-4　计算第一年总利息

 用IPMT函数计算等额本息支付的利息

语法规则

函数语法：=IPMT(rate,per,nper,pv,[fv],[type])。

参数说明如下。

☆ rate（必选）：各期利率。

☆ per（必选）：计算利息的期数，必须在1～nper之间。

☆ nper（必选）：总投资期，即该项投资的付款期总数。

☆ pv（必选）：现值，或一系列未来付款的当前值的累计和。

☆ fv（可选）：未来值，或在最后一次付款后希望得到的现金余额。如果省略fv，则假设其值为零（例如，一笔贷款的未来值为0）。

☆ type（可选）：数字0或1，用以指定各期的付款时间是在期初还是期末。如果省略type，则假设其值为0。

下面以【IPMT函数.xlsx】为例进行讲解。假设向银行贷款50万元，贷款方式为等额本息，贷款期限为10年，年利率为10%，计算该笔贷款第一个月所支付的利息以及第一年所支付的总利息，方法如下。

Step01：计算第一个月利息。如图4-5所示，在【B8】单元格中输入公式【=IPMT(B4/12,1,B3*12,B2)】，按【Enter】键即可计算出第一个月的利息。

Step02：计算第二年的总利息。如图4-6所示，在【B9】单元格中输入公式【=IPMT(B4,2,B3,B2)】，然后按【Enter】键即可计算出第二年的总利息。

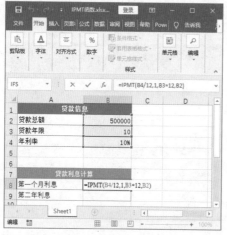

图4-5 计算第一个月利息

图4-6 计算第二年总利息

4.1.2 需要多少本金，这两个函数说了算

赵哥

财务函数不仅可以轻松计算不同情况下的利息，还可以对不同情况下的本金进行计算。

其中，CUMPRINC函数用于计算一笔贷款在给定期间需要累计偿还的本金数额；PPMT函数可以基于固定利率及等额本息分期付款方式，返回投资在某一给定期间内的本金偿还额。

1 用CUMPRINC函数计算两个付款期之间累计支付的本金

语法规则

函数语法：=CUMPRINC(rate,nper,pv,start_period,end_period,type)。

参数说明如下。

☆ rate（必选）：利率。

☆ nper（必选）：总付款期数。

☆ pv（必选）：现值。

☆ start_period（必选）：计算中的首期，付款期数从1开始计数。

☆ end_period（必选）：计算中的末期。

☆ type（必选）：付款时间类型。

下面以【CUMPRINC函数.xlsx】为例进行讲解。假设向银行贷款50万元，贷款期限为10年，年利率为12%，那么此笔贷款第一个月和第一年需要偿还的本金各是多少。

Step01：计算第一个月偿还的本金。如图4-7所示，在【B8】单元格中输入公式【=CUMPRINC(B4/12,B3*12,B2,1,1,0)】，按【Enter】键即可计算出第一个月偿还的本金。

Step02：计算第一年偿还的本金。如图4-8所示，在【B9】单元格中输入公式【=CUMPRINC(B4/12,B3*12,B2,1,12,0)】，然后按【Enter】键即可计算出第一年偿还的本金。

图4-7 计算第一个月偿还的本金

图4-8 计算第一年偿还的本金

用PPMT函数计算贷款在给定期间内偿还的本金

语法规则

函数语法：=PPMT(rate,per,nper,pv,[fv],[type])。

参数说明如下。

☆ rate（必选）：各期利率。

☆ per（必选）：用于计算其本金数额的期次，且必须介于1～付款总期数nper之间。

☆ nper（必选）：总投资（或贷款）期，即该项投资（或贷款）的付款总期数。

☆ pv（必选）：现值，或一系列未来付款的当前值的累计和，也称为本金。

☆ fv（可选）：未来值，或在最后一次付款后可以获得的现金余额。如果省略fv，则假设其值为0（零），也就是一笔贷款的未来值为0。

☆ type（可选）：数字0或1，用以指定各期的付款时间是在期初还是期末。

下面以【PPMT函数.xlsx】为例进行讲解。假设向银行贷款50万元，贷款期限为10年，年利率为12%，计算该笔款第一个月和第二个月偿还的本金。

Step01：计算第一个月偿还本金。如图4-9所示，在【B8】单元格中输入公式【=PPMT(B4/12,1,B3*12,B2)】，按【Enter】键即可计算出第一个月偿还的本金。

Step02：计算第二个月偿还的本金。如图4-10所示，在【B9】单元格中输入公式【=PPMT(B4/12,2,B3*12,B2)】，然后按【Enter】键即可计算出第二个月偿还的本金。

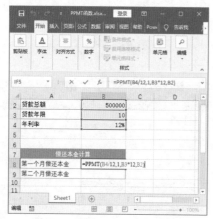

图4-9　计算第一个月偿还的本金

图4-10　计算第二个月偿还的本金

4.1.3　房贷/车贷月还款额就用这个函数

 小强

　　学习了利息和本金计算函数后，我觉得还不够方便。身为一名"房奴"，比起应还多少利息和本金，我更关心每月总的还款额是多少，所以我学习了PMT函数。**PMT函数可以基于固定利率及等额分期付款方式，计算贷款的每期还款额。**

语法规则

　　函数语法：=PMT(rate,nper,pv,[fv],[type])。

　　参数说明如下。

☆　rate（必选）：贷款利率。

☆　nper（必选）：该项贷款的还款总期数。

☆　pv（必选）：现值，或一系列未来付款的当前值的累计和，也称为本金。

☆　fv（可选）：未来值，或在最后一次付款后希望得到的现金余额。如果省略 fv，则假设其值为 0（零），也就是一笔贷款的未来值为0。

☆　type（可选）：数字0（零）或1，0为期末还款，1为期初还款。

下面以【PMT函数.xlsx】为例进行讲解。假设向银行贷款50万元，贷款期限为20年，年利率为10%，计算每个月的还款额度是多少。

如图4-11所示，在【B8】单元格中输入公式【=PMT(B4/12,B3*12,B2)】，按【Enter】键即可计算出月还款额，结果如图4-12所示。

图4-11　输入函数

图4-12　完成计算

4.1.4　利率有多少必须心中有数

小强

初步学习了几个财务函数后，我的信心得到了极大的提高。作为上班族的我想通过理财增加收入，于是**使用利率计算函数RATE来比较两个投资项目的收益，选择利率较大的项目进行投资**。最近又考虑买车，我又**用RATE函数来比较，看哪种贷款的利率更低**，从而节约购车费用。财务函数对我的帮助真是太大了。

语法规则

函数语法：=RATE(nper,pmt,pv,[fv],[type],[guess])。

参数说明如下。

☆　nper（必选）：年金的付款总期数。

☆　pmt（必选）：各期所应支付的金额，其数值在整个年金期间保持不变。通常，pmt 包括本金和利息，但不包括其他费用或税款。如果省略 pmt，则必须包含 fv 参数。

☆ pv（必选）：现值，即一系列未来付款现在所值的总金额。

☆ fv（可选）：未来值，或在最后一次付款后希望得到的现金余额。如果省略 fv，则假设其值为 0（例如，一笔贷款的未来值为0）。

☆ type（可选）：数字 0 或 1，用以指定各期的付款时间是在期初还是期末。

☆ guess（可选）：预期利率，是一个百分比值。如果省略该参数，则假设其值为10%。

RATE函数基于等额分期付款的方式，返回某项投资或贷款的实际利率。

下面以【RATE函数.xlsx】为例，讲解不同投资项目和不同贷款方案的利率计算。

现有两个投资项目，项目一投资10万元，投资期是5年，回报金额为18万元；项目二投资13万元，投资期是10年，回报金额为22万元。计算方法如下。

Step01：计算项目一月利率。打开【投资对比】表，在【B5】单元格中输入函数【=RATE(B2*12,0,B3,B4)】，如图4-13所示。按【Enter】键即可完成月利率计算。

Step02：计算项目一年利率。在【B6】单元格中输入函数【=RATE(B2*12,0,B3,B4)*12】（因为年利率是月利率的12倍，故需乘以12），如图4-14所示。按【Enter】键即可完成年利率计算。

图4-13　计算项目一月利率

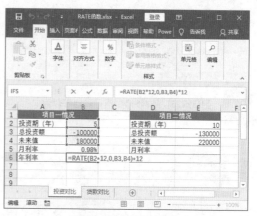

图4-14　计算项目一年利率

Step03：对比项目投资。用同样的方法，计算项目二的利率，结果如图4-15所示。从结果可以看出，项目一的利率更高，即项目一更适合投资。

现在来计算贷款。贷款方案一每月支付4000元，贷款期限为3年，总贷款额为12万元；贷款方案二每月支付3000元，贷款期限为5年，总贷款额也为12万元。贷款利率计算方法如下。

Step01：计算贷款方案一月利率。打开"贷款对比"表，【B5】单元格中输入函数【=RATE(B2*12,B3,B4)】，如图4-16所示。按【Enter】键即可完成月利率计算。

Step02：计算贷款方案一年利率。在【B6】单元格中输入函数【=RATE(B2*12,B3,B4)*12】，如图4-17所示。按【Enter】键即可完成年利率计算。

Step03：对比贷款方案。用同样的方法，计算贷款方案二的利率，结果如图4-18所示。从结果可以看出，贷款方案二的利率更高，即选择贷款方案一更省钱。

图4-15 对比项目投资

图4-16 计算贷款方案一月利率

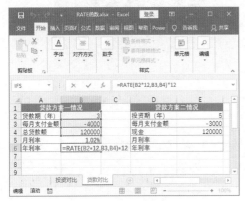

图4-17 计算贷款方案一年利率

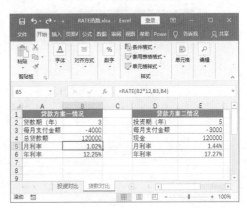

图4-18 对比贷款方案

4.1.5 制作贷款计算器，掌握还款动态

 赵 哥

　　小强，你这几天学习很认真嘛，都学会这么多本金和利息计算函数了。那我考考你，在等额本息的贷款前提下，你来制作一个贷款计算器，不仅要**算出月还款额、总的还款额、总的还款利息，还要列出每个月的还款情况。**

小强

赵哥，你这个问题我思考了下，完全可以用我学会的财务函数来解决：**月还款额用PMT函数；每月所还本金用PPMT函数；每月所还利息用IPMT函数；剩余未还本金用CUMPRINC函数；剩余未还利息用CUMIPMT函数。**

下面以【贷款计算器.xlsx】为例，讲解贷款50万元，贷款期限为20年，年利率为7%的情况下，具体的贷款计算器制作方法。

Step01：计算每月还款额。如图4-19所示，在【B6】单元格中输入函数【=PMT(B4/12,B2*12,B3)】，按【Enter】键即可计算出每月还款额是多少。

Step02：计算还款总金额和总利息。如图4-20所示，在【B7】单元格中输入公式【=B2*12*B6】，计算出总的还款金额。在【B8】单元格中输入公式【=B7-B3】，计算出还款总利息。

图4-19　计算每月还款额

图4-20　计算还款总金额和总利息

Step03：计算每月所还本金。如图4-21所示，在【E3】单元格中输入函数【=PPMT($B$4/12,D3,B$2*12,B$3)】，因为后面需要往下复制函数，所以这里用了单元格的混合引用。

图4-21　计算每月所还本金

📢 Step04：计算每月所还利息。如图4-22所示，在【F3】单元格中输入函数【=IPMT(B$4/12,D3,B$2*12,B$3)】。

图4-22　计算每月所还利息

📢 Step05：计算剩余未还本金。如图4-23所示，在【G3】单元格中输入函数【=B$3+CUMPRINC(B$4/12,B$2*12,B$3,1,D3,0)】。

图4-23　计算每月剩余未还本金

📢 Step06：计算剩余未还利息。如图4-24所示，在【H3】单元格中输入函数【=CUMIPMT(B$4/12,B$2*12,B$3,1,D3,0)-B$8】。

图4-24　计算每月剩余未还利息

📢 Step07：完成贷款计算器制作。向下复制【E3:H3】单元格的函数，即可完成贷款计算器的制作，如图4-25所示。

等额本息贷款情况		还款计划表				
还款期数（年）	20	期数	所还本金	所还利息	剩余未还本金	剩余未还利息
贷款总额	500000	1	¥-959.83	¥-2,916.67	¥499,040.17	¥427,442.06
年利率	7%	2	¥-965.43	¥-2,911.07	¥498,074.74	¥424,530.99
还款计算		3	¥-971.06	¥-2,905.44	¥497,103.69	¥421,625.55
每月还款额	¥-3,876.49	4	¥-976.72	¥-2,899.77	¥496,126.96	¥418,725.78
还款总金额	¥-930,358.72	5	¥-982.42	¥-2,894.07	¥495,144.54	¥415,831.71
还款利息总金额	¥-430,358.72	6	¥-988.15	¥-2,888.34	¥494,156.39	¥412,943.36
		7	¥-993.92	¥-2,882.58	¥493,162.48	¥410,060.78
		8	¥-999.71	¥-2,876.78	¥492,162.76	¥407,184.00
		......				
		239	¥-3,831.66	¥-44.83	¥3,854.01	¥22.48
		240	¥-3,854.01	¥-22.48	¥0.00	¥0.00

图4-25　完成贷款计算器制作

4.2　投资划不划算，函数帮你看

张总

小强，最近你交上来的报表时不时用到了财务函数，看来你私下学习了不少。正好最近公司有一些投资项目要启动，那我开始给你布置一些相关工作任务，你可要认真计算哦。

小强

张总，您请放心，有赵哥指点我呢。涉及公司投资，我可不敢掉以轻心，我会多验算几遍的。

4.2.1　净现值告诉你，投资能不能创造价值

小强

赵哥，我又来请教你了。公司为了增加产品产量，准备投资60万元买一套设备，我已经计算出今后10年的收益情况，贴现率为7%。我想准确评估这套设备值不值得投资，该用什么函数呢？

赵哥

用NPV净现值计算函数！它指的是一个项目预期实现的现金流入的现值与实施该项计划的现金支出的现值的差额。**净现值为正值说明项目能创建价值，净现值为负值说明项目会亏本。**

语法规则

函数语法：=NPV(rate,value1,[value2],...)。

参数说明如下。

☆ rate（必选）：某一期间的贴现率。

☆ value1（必选）：表示现金流的第一个参数。

☆ value2（可选）：value代表支出及收入的 2 到 254 个参数。该参数在时间上必须具有相等间隔，并且都发生在期末。NPV 使用 value1,value2 …… 的顺序来解释现金流的顺序。所以务必保证支出和收入的数额按正确的顺序输入。

下面以【NPV函数.xlsx】文件为例，讲解投资净现值的计算方法。

Step01：输入函数。如图4-26所示，在【B13】单元格中输入函数【=NPV(B1,B3:B12)+B2】，按【Enter】键即可完成计算。

Step02：查看计算结果。如图4-27所示是计算结果。结果为正数，说明这是一项能创造价值的投资。

图4-26　输入函数

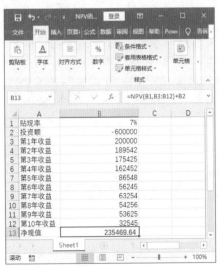

图4-27　查看计算结果

4.2.2 实现收益目标应该投入多少资金

小 强

投资真是门技术活，一不小心就掉坑。这不，我又要计算投资项目了。公司有5个备选项目，期望收益是50万元。我需要**评估哪个项目投入的资金最少**。研究了半天，才知道要**用PV求现值函数**。现值就是折现值，是把未来现金流量折算为基准时点的价值，用以反映投资的内在价值。

语法规则

函数语法：PV(rate,nper,pmt,[fv],[type])。

参数说明如下。

☆ rate（必选）：各期利率。

☆ nper（必选）：总投资期，即该项投资的偿款期总数。

☆ pmt（必选）：各期所应支付的金额，其数值在整个年金期间保持不变。

☆ fv（可选）：未来值，或在最后一次支付后希望得到的现金余额。如果省略fv，则假设其值为0。

☆ type（可选）：数值0或1，用以指定各期的付款时间是在期初还是期末。

下面以【PV函数.xlsx】文件为例，讲解如何通过现值计算，比较哪个项目的投入资金最少。

📢 Step01：输入函数。如图4-28所示，在【D2】单元格中输入函数【=PV(B2,C2,0,500000)】，完成函数输入后按【Enter】键即可计算出第一个项目所需投入的资金。

📢 Step02：比较各投资项目。向下复制函数，完成所有项目的投入资金计算，如图4-29所示。此时可比较出，要想实现50万元的收益，选择项目4可以使投入的资金最少。

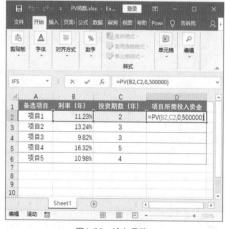

图4-28　输入函数

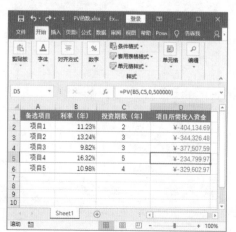

图4-29　比较各投资项目

4.2.3 投资前计算一下投资周期

评估投资项目，可不仅要将目光放到收益上，还要衡量投资周期的长短。即使收益再大的项目，如果要几十年才能有回报，那还是选择短期就能看到回报的投资吧。

要计算投资周期，NPER函数就派上用场了。**NPER函数可以根据固定利率及等额分期付款方式，计算某项投资的总期数。**

语法规则

函数语法：NPER(rate,pmt,pv,[fv],[type])。

参数说明如下。

☆ rate（必选）：各期利率。

☆ pmt（必选）：各期所应支付的金额，在整个年金期间保持不变。

☆ pv（必选）：现值，或一系列未来付款的当前值的累计和。

☆ fv（可选）：未来值，或在最后一次付款后希望得到的现金余额。如果省略fv，则假定其值为0（例如，贷款的未来值是0）。

☆ type（可选）：付款时间类型，0为期末付款，1为期初付款。

下面以【NPER函数.xlsx】文件为例，讲解如何计算一笔投资的投资周期。

Step01：输入函数。如图4-30所示，在【B5】单元格中输入函数【=NPER(B2/12,B3,B2,B4,1)】，按【Enter】键即可完成计算。

Step02：完成计算。如图4-31所示，从计算结果可以看到这笔投资需要35.4个月，约等于3年。

图4-30　输入函数

图4-31　完成计算

4.2.4 利率发生变化后未来收益是多少

小 强

唉，市场太不稳定。今天张总告诉我，投资需要考虑利率发生变化的情况，否则对投资项目的衡量太理想化了。不过这个问题好解决，可以**用FVSCHEDULE函数来轻松计算投资利率变化下的未来收益。**

语法规则

函数语法：=FVSCHEDULE(principal,schedule)。

参数说明如下。

☆ principal（必选）：现值。

☆ schedule（必选）：要应用的利率数组。

下面以【FVSCHEDULE函数.xlsx】文件为例，讲解投资50万元，在投资的8年期间内，利率发生变化的情况下，未来收益是多少。

Step01：输入函数。如图4-32所示，在【D9】单元格中输入函数【=FVSCHEDULE(B1,D1:D8)】，按【Enter】键即可完成计算。

Step02：查看结果。完成计算的结果如图4-33所示，这笔50万元的投资在8年后的收益为93万元。

图4-32 输入函数

图4-33 完成计算

温馨提示

schedule中的值可以是数字或空白单元格；其他任何值都将在函数FVSCHEDULE的运算中产生错误值【#VALUE!】。空白单元格被认为是0，没有利息。

 4.2.5　计算现金流的收益率就用这3个函数

赵哥，我快崩溃了。张总让我计算现金流的收益率。我研究了半天，发现**有三个函数，分别是IRR函数、XIRR函数、MIRR函数**。这三个函数的概念我看了半天也没懂，究竟有什么区别呀？

赵哥

哈哈，小强，被这三个函数绕晕的可不止你一人哦。教科书上的概念常常晦涩难懂。我用通俗的话解释给你听，你就明白啦！

张总让你对投资项目进行计算，那么**投资肯定会产生一系列现金流量，而由这些现金产生的内部报酬率，就用IRR函数来计算**。

但是用IRR函数计算收益率时，现金流量的单位必须以"期"为单位，也就是说固定投资多少期。而事实是，**有的投资并没有固定的投资周期，这个时候就要用XIRR函数了**。

此外，还有一种情况，**投资的收益可能是正的或负的，其利率也可能发生变化**。正值可以被投资者拿回去，负值则属于额外投入的现金，这些都会影响报酬率。所以**为了更合理地计算收益率，就要用到MIRR函数**。

 使用IRR函数计算一系列现金流的内部收益率

语法规则

　　函数语法：=IRR(values,[guess])。

参数说明如下。

☆ values（必选）：为数组或单元格引用。这些单元格包含用来计算内部收益率的数字。

☆ guess（可选）：为对函数IRR计算结果的估计值。如果忽略，则为0.1（10%）。

下面以【收益计算函数.xlsx】中的【IRR】表格文件为例，讲解在初期投入500万元后，每年产生不同的净收益时，投资第6年的内部收益率是多少。

Step01：输入函数。如图4-34所示，在【B10】单元格中输入函数【=IRR(B2:B8)】，因为IRR函数比较简单，直接选中收益单元格即可。

Step02：完成计算。输入函数后，按【Enter】键即可看到6年后的投资内部收益率，如图4-35所示。

图4-34 输入函数

图4-35 完成计算

温馨提示

使用IRR函数有以下三个注意事项。

（1）参数values必须包含至少一个正值和一个负值，以计算返回的内部收益率；若所有值的符号相等，IRR函数将返回错误值【#NUM!】。

（2）函数IRR根据数值的顺序来解释现金流的顺序，故应确定按需要的顺序输入了支付和收入的数值。

（3）如果数组或引用包含文本、逻辑值或空白单元格，那么这些数值将被忽略。

2 **使用XIRR函数计算现金流计划的内部收益率**

语法规则

函数语法：XIRR(values,dates,[guess])。

参数说明如下。

☆ values（必选）：一系列按日期对应付款计划的现金流。

☆ dates（必选）：是对应现金流付款的付款日期计划。

☆ guess（可选）：对函数XIRR计算结果的估计值。如果忽略，则为0.1（10%）。

下面以【收益计算函数.xlsx】中的【XIRR】表格文件为例，讲解在不定期投资的情况下，产生的内部收益率是多少。

Step01：输入函数。如图4-36所示，在【B11】单元格中输入函数【=XIRR(B3:B9,A3:A9)】，因为XIRR函数要根据投资日期计算收益，所以参数包含了日期及投资现金单元格。

Step02：完成计算。输入函数后，按【Enter】键即可看到不定期投资下的内部收益率，如图4-37所示。

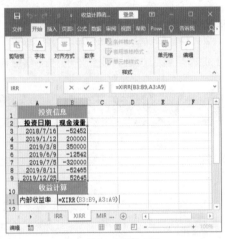

图4-36　输入函数

图4-37　完成计算

温馨提示

使用XIRR函数有以下三个注意事项。

（1）函数XIRR要求至少有一个正现金流和一个负现金流，否则函数XIRR将返回错误值【#NUM!】。

（2）如果参数dates中的任一数值不是合法日期，函数XIRR返回错误值【#VALUE!】。例如本例中的日期均为【日期】型数据。

（3）如果参数dates中的任一数字先于开始日期，函数XIRR将返回错误值【#NUM!】。

3 使用MIRR函数计算正负现金流在不同利率下支付的内部收益率

语法规则

函数语法：MIRR(values,finance_rate,reinvest_rate)。

参数说明如下。

☆ values（必选）：一个数组或对包含数字的单元格的引用。这些数值代表各期的一系列支出（负值）及收入（正值）。

☆ finance_rate（必选）：现金流中使用的资金支付的利率。

☆ reinvest_rate（必选）：将现金流再投资的收益率。

下面以【收益计算函数.xlsx】中的【MIRR】表格文件为例，讲解初期投资500万元，收益率有变化的情况下，所产生的内部收益率是多少。

Step01： 输入函数。如图4-38所示，在【B11】单元格中输入函数【=MIRR(B2:B7,B8,B9)】，因为XIRR函数要根据收益率的变化计算收益，所以参数包含了投资现金和收益率变化前后的单元格。

Step02： 完成计算。输入函数后，按【Enter】键即可看到收益率变化下的内部收益率，如图4-39所示。

图4-38　输入函数

图4-39　完成计算

温馨提示

使用MIRR函数有以下三个注意事项。

（1）参数values中必须至少包含一个正值和一个负值，才能计算修正后的内部收益率，否则

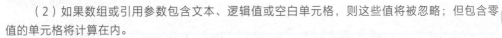

温馨提示

函数MIRR会返回错误值【#DIV/0!】。

　　（2）如果数组或引用参数包含文本、逻辑值或空白单元格，则这些值将被忽略；但包含零值的单元格将计算在内。

　　（3）函数 MIRR 根据输入值的次序来解释现金流的次序。因此要按照实际的顺序输入支出和收入数额，并使用正确的正负号（现金流入用正值，现金流出用负值）。

4.3　使用函数轻松算出资产价值

张　总

　　小强呀，你作为我的助理，要考虑全面一点。就像投资计算，你不能只计算某项目投资了多少钱收回了多少钱。你还要考虑公司购置不同的资产，需要根据使用年限的不同来计算折旧值。**一个精明的管理者，对资产价值、项目成本均会考虑周到。**

小　强

　　张总，我明白了，**公司的资产都是有成本的。**它的购置价值，就是成本，需要计入到公司的**运营成本中去。**这就是您让我学习折旧计算的原因。

4.3.1　5种折旧方式不再傻傻分不清

小　强

　　我以为计算资产折旧，会比计算现金流收益率简单。谁知，**一共有5个基本函数来计算折旧。**我不明白的是，不就是资产折旧吗？为什么要这么多函数，这简直让人难以区分，为难我这种财务小白。

赵哥

小强，张总不是提醒你要全面考虑事项吗？你想呀，在实际情况中，公司购置了生产机器，有的机器每年的损耗是相等的，而有的机器随着工作年限的增加，损耗会越来越大。面对这两种不同的情况，就需要有不同的算法。所以，这5种折旧函数其实都有存在的意义，它们分别是：**DB函数是按照固定余额递减法来计算资产折旧值；DDB函数是按照双倍余额递减法来计算资产折旧值；SLN函数是按照直线法计算固定资产折旧值，即将固定资产的折旧均衡地分摊到各期；SYD函数是按照年数总和法计算资产折旧值；VBD函数是按照可变余额递减法计算资产折旧额。**

 使用DB函数计算给定时间内的折旧值

语法规则

函数语法：=DB(cost,salvage,life,period,[month])。

参数说明如下。

☆ cost（必选）：资产原值。

☆ salvage（必选）：资产在折旧期末的价值（有时也称为资产残值）。

☆ life（必选）：资产的折旧期数（有时也称作资产的使用寿命）。

☆ period（必选）：需要计算折旧值的期间。period与life要有相同的单位。

☆ month（可选）：第一年的月份数。如省略，则假设为12。

下面以【折旧计算函数.xlsx】中的【DB】表格文件为例，讲解某生产机器购买时的价值是25万元，使用了10年后，最终剩下的价值是15000元，以固定余额递减法的方式计算该机器在第1年第10个月、第3年第5个月、第7年第6个的折旧值。

Step01：输入函数。如图4-40所示，在【B6】单元格中输入函数【=DB(B2,B3,B4,1,10)】，其中最后的两个数字分别代表第1年和第10个月的意思。

Step02：完成计算。用同样的方法，在【B7】和【B8】单元格中分别输入函数【=DB(B2,B3,B4,3,5)】和【=DB(B2,B3,B4,7,6)】，从而计算出不同时间下的机器折旧值，结果如图4-41所示。

图4-40 输入函数

图4-41 完成计算

温馨提示

使用DB折旧函数时，在计算第一个周期和最后一个周期的折旧值属于特例情况。第一个周期，函数 DB 的计算公式为cost × rate × month ÷ 12；最后一个周期，函数 DB 的计算公式为((cost-前期折旧总值) × rate × (12-month)) ÷ 12。

② 使用DDB函数按双倍余额递减法计算折旧值

语法规则

函数语法：DDB(cost,salvage,life,period,[factor])。

参数说明如下。

☆　cost（必选）：固定资产原值。

☆　salvage（必选）：资产在折旧期末的价值，也称为资产残值，可以是0。

☆　life（必选）：固定资产进行折旧计算的周期总数。

☆　period（必选）：进行折旧计算的期次。period必须使用与life相同的单位。

☆　factor（可选）：余额递减速率。如果factor被省略，则采用默认值2（双倍余额递减法）。

下面以【折旧计算函数.xlsx】中的【DDB】表格文件为例，讲解某生产机器购买时的价值是25万元，使用了10年后，最终剩下的价值是15000元，以按照双倍余额递减的方式计算该机器在第1年、第

3年、第5年的折旧值。

Step01：输入函数。如图4-42所示，在【B6】单元格中输入函数【=DDB(B2,B3,B4,1)】，其中最后的一个数字代表第1年。

Step02：完成计算。用同样的方法，在【B7】和【B8】单元格中分别输入函数【=DDB(B2,B3,B4,3)】和【=DDB(B2,B3,B4,5)】，从而计算出不同时间下的机器折旧值，结果如图4-43所示。

图4-42　输入函数

图4-43　完成计算

 使用SLN函数计算直线折旧值

语法规则

函数语法：SLN(cost,salvage,life)。

参数说明如下。

☆　cost（必选）：资产原值。

☆　salvage（必选）：资产在折旧期末的价值（有时也称为资产残值）。

☆　life（必选）：资产的折旧期数（有时也称作资产的使用寿命）。

下面以【折旧计算函数.xlsx】中的【SLN】表格文件为例，讲解某生产机器购买时的价值是25万元，使用了10年后，最终剩下的价值是15000元，以直线法的方式计算该机器每年、每月、每天的折旧值。

Step01：计算每年折旧值。如图4-44所示，在【B6】单元格中输入函数【=SLN(B2,B3,B4)】。

Step02：计算每月折旧值。如图4-45所示，在【B7】单元格中输入函数【=SLN(B2,B3,B4*12)】，因为一年有12个月，所以在这里要将参数life变成月的单位。

Step03：计算每天折旧值。如图4-46所示，在【B8】单元格中输入函数【=SLN(B2,B3,B4*365)】，因为一年有365天，所以在这里要将参数life变成天的单位。

Step04：查看计算结果。完成计算后的结果如图4-47所示，可以看到机器在不同时间单位下的折旧值。

图4-44 输入函数计算每年折旧

图4-45 输入函数计算每月折旧

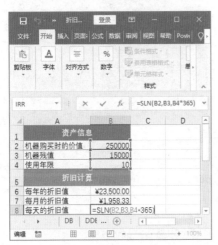

图4-46 输入函数计算每天折旧

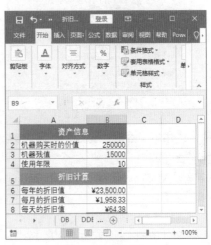

图4-47 完成计算

 使用SYD函数按年限计算资产折旧值

语法规则

函数语法：=SYD(cost,salvage,life,per)。

参数说明如下。

☆ cost（必选）：资产原值。

☆ salvage（必选）：资产在折旧期末的价值（有时也称为资产残值）。

☆ life（必选）：资产的折旧期数（有时也称作资产的使用寿命）。

☆ per（必选）：表示折旧期间，其单位与life相同。

下面以【折旧计算函数.xlsx】中的【SYD】表格文件为例，讲解某生产机器购买时的价值是25万元，使用了10年后，最终剩下的价值是15000元，以年数总和法计算的方式计算该机器在第1年、第3年、第5年的折旧值。

Step01：输入函数。如图4-48所示，在【B6】单元格中输入函数【=SYD(B2,B3,B4,1)】，其中最后的一个数字代表第1年。

Step02：完成计算。用同样的方法，在【B7】和【B8】单元格中分别输入函数【=SYD(B2,B3,B4,3)】和【=SYD(B2,B3,B4,5)】，从而计算出不同时间下的机器折旧值，结果如图4-49所示。

图4-48　输入函数

图4-49　完成计算

 使用VDB函数计算任何时间段的折旧值

语法规则

函数语法：=VDB(cost,salvage,life,start_period,end_period,[factor],[no_switch])。

参数说明如下。

☆　cost（必选）：资产原值。

☆　salvage（必选）：资产在折旧期末的价值（有时也称为资产残值）。

☆　life（必选）：资产的折旧期数（有时也称作资产的使用寿命）。

☆　start_period（必选）：进行折旧计算的起始期间，单位与life保持相同。

☆　end_period（必选）：进行折旧计算的截止期间，单位与life保持相同。

☆　factor（可选）：余额递减速率。如果factor被省略，则假设为2（双倍余额递减法）。

☆　no_switch（可选）：逻辑值，指定当折旧值大于余额递减计算值时，是否转用直线折旧法。如果no_switch为TRUE，即使折旧值大于余额递减计算值也不转用直线折旧法；如果no_switch为FALSE或被忽略，且折旧值大于余额递减计算值时，将用线性折旧法。

下面以【折旧计算函数.xlsx】中的【VDB】表格文件为例，讲解某生产机器购买时的价值是25万元，使用了10年后，最终剩下的价值是15000元，以可变余额递减法的方式计算该机器在第1个月、第12个月与第20个月之间的折旧值。

Step01：输入函数。如图4-50所示，在【B6】单元格中输入函数【=VDB(B2,B3,B4*12,0,1)】，【B4*12】的目的是将时间单位变成月，后面2个数字表示以月为单位进行的时间跨度。

Step02：完成计算。用同样的方法，在【B7】单元格中输入函数【=VDB(B2,B3,B4*12,12,20)】，此时便完成了计算，结果如图4-51所示。

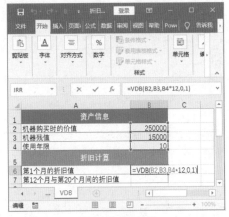

图4-50　输入函数

图4-51　完成计算

 温馨提示

使用VDB函数时要注意，参数中除no_switch参数外，其余参数都必须为正数。如果no_switch参数值为TRUE，即使折旧值大于余额递减计算值，Excel也不会转用直线折旧法；如果no_switch参数值为FALSE或被忽略，且折旧值大于余额递减计算值时，Excel将转用线性折旧法。

4.3.2 计算每个结算周期的折旧值就用这两个函数

赵哥

其实折旧函数不止5个，还有两个折旧函数是用来计算每个周期内的折旧值，也容易被混淆。分别是，AMORLINC函数和AMORDEGRC函数，两者均可计算每个记账期内资产分配的折旧。

两者的区别是，使用AMORLINC函数时，如果某项资产是在结算期间的中期购入，则按线性折旧法计算。而函数AMORDEGRC的折旧系数取决于资产寿命。

1 使用AMORLINC函数线性计算折旧

语法规则

函数语法：AMORLINC(cost,date_purchased,first_period,salvage,period,rate,[basis])。

参数说明如下。

☆ cost（必选）：资产原值。

☆ date_purchased（必选）：资产购买日期。

☆ first_period（必选）：第一个期间结束时的日期。

☆ salvage（必选）：资产在使用寿命结束时的残值。

☆ period（必选）：记账期。

☆ rate（必选）：折旧率。

☆ basis（可选）：要使用的年基准。当basis值为0或省略时，使用的是360天（NASD）的日期系统；值为1时，使用实际天数；值为3时，使用一年365天的中国基准；值为4时，使用一年360天的欧洲基准。

下面以【周期折旧计算.xlsx】中的【AMORLINC】文件为例，讲解公司于2017年11月10日购买了一台2万元的机器，折旧率为9%，机器残值为1000元，按实际天数为年基准，计算到2019年5月25日期间内的折旧值。

Step01：输入函数。如图4-52所示，在【B10】单元格中输入函数=AMORLINC(B2,B4,B5,B3,B6,B7,B8)。

Step02：完成计算。完成函数输入后，按【Enter】键即可计算出这段周期内的折旧值，结果如图4-53所示。

图4-52 输入函数

图4-53 完成计算

2　使用AMORDEGRC函数计算资产寿命相关的折旧

语法规则

函数语法：AMORDEGRC(cost,date_purchased,first_period,salvage,period,rate,[basis])。

参数说明如下。

☆　cost（必选）：资产原值。

☆　date_purchased（必选）：资产购买日期。

☆　first_period（必选）：第一个期间结束时的日期。

☆　salvage（必选）：资产在使用寿命结束时的残值。

☆　period（必选）：记账期。

☆　rate（必选）：折旧率。

☆　basis（可选）：要使用的年基准。

下面以【周期折旧计算.xlsx】中的【AMORDEGRC】文件为例，讲解公司于2017年11月10日购买了一台2万元的机器，折旧率为9%，机器残值为1000元，按实际天数为年基准，计算到2019年5月25日期间内的折旧值。

Step01：输入函数。如图4-54所示，在【B10】单元格中输入函数【=AMORDEGRC(B2,B4,B5,B3,B6,B7,B8)】。

Step02：完成计算。完成函数输入后，按【Enter】键即可计算出这段周期内的折旧值，结果如图4-55所示。

图4-54　输入函数

图4-55　完成计算

4.4 掌握几个证券函数，股市少吃亏

小 强

赵哥，我现在快变成专业的财务人员了。张总让我多少学习一点证券函数，以备公司业务的不时之需，也能帮助我理财，可是证券函数这么多，我学哪些好呢？

赵 哥

小强，张总说得很对。在这个时代，会点证券函数，在理财路上就会走得更容易。证券函数不用每一个都学习，你**只需要掌握基本的计算利息、收益和金额的函数，就可以应对常规的证券计算了**。这样吧，我给你列6个函数，你按照目标来进行学习，保证你不会白学。

4.4.1 计算证券付息期的天数

小 强

COUPDAYS函数是用来计算包含结算日在内的证券付息期的天数。需要明确证券的结算日、到期日、每年支付利息的次数及日算类型。用这个函数，就可以看到有多少能收获利息了。

语法规则

函数语法：=COUPDAYS(settlement,maturity,frequency,[basis])。

参数说明如下。

☆ settlement（必选）：证券的结算日。证券结算日是在发行日期之后，证券卖给购买者的日期。

☆ maturity（必选）：证券的到期日。到期日是证券有效期截止时的日期。

☆ frequency（必选）：每年付息次数。如果按年支付，则为1；如果按半年期支付，则为2；如

果按季度支付，则为4。

☆ basis（可选）：要使用的日计数基准类型。若按照美国（NASD）30/360为日计数基准，则为0；若按照实际天使/实际天数为日计数基准，则为1；若按照实际天数/360为日计数基准，则为2；若按照实际天数/365为日计数基准，则为3；若按照欧洲30/360为日计数基准，则为4。

下面以【COUPDAYS函数.xlsx】为例，讲解证券成交日为2019年5月1日，到期日为2019年11月5日，以季度方式付息，以实际天数360天为日计数基准的付息天数。

Step01：输入函数。如图4-56所示，在【B7】单元格中输入函数【=COUPDAYS(B2,B3,B4,B5)】。

Step02：完成计算。按【Enter】键即可计算出证券的付息天数为90天，结果如图4-57所示。

图4-56 输入函数

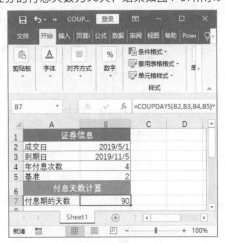

图4-57 完成计算

4.4.2 计算定期支付利息的有价证券的应计利息

ACCRINT函数用来计算定期付息的有价证券应计利息的数额。 这个函数需要明确6个变量，分别是债券的发行日期、首个计息日期、结算日期、票面利率、票面值及计息次数。

语法规则

函数语法：=ACCRINT(issue,first_interest,settlement,rate,par,frequency,[basis])。

参数说明如下。

☆ issue（必选）：证券的发行日。

☆ first_interest（必选）：证券的首次计息日。

☆ settlement（必选）：证券的结算日。证券结算日是在发行日期之后，证券卖给购买者的日期。

☆ rate（必选）：证券的年息票利率。

☆ par（必选）：证券的票面值。如果省略此参数，则 ACCRINT 函数中的Par值为 ¥1,000。

☆ frequency（必选）：年付息次数。如果按年支付，frequency = 1；按半年期支付，frequency = 2；按季支付，frequency = 4。

☆ basis（可选）：要使用的日计数基准类型。

下面以【ACCRINT 函数 .xlsx】表为例，讲解于 2019 年 4 月 2 日购买了价值 15000 元的证券，该证券发行日期为 2019 年 2 月 5 日，起息日为 2019 年 9 月 19 日，利率为 12.5%，按半年付息，以实际天数 /360 为日计数基准，计算出该证券到期利息额是多少。

📢Step01：输入函数。如图4-58所示，在【B9】单元格中输入函数【=ACCRINT(B2,B3,B4,B5,B6,B7,B8)】。

📢Step02：完成计算。按【Enter】键即可计算出证券的应计利息，结果如图4-59所示。

图4-58　输入函数

图4-59　完成计算

4.4.3　计算首期付息日不固定的有价证券的收益率

小强

ODDLYIELD函数用来计算末期付息日不固定的有价证券（长期或短期）的收益率。 需要明确证券的成交日、到期日、末期付息日、证券利率、证券价格、清偿价值、年付息次数。

语法规则

函数语法：= ODDLYIELD(settlement, maturity, last_interest, rate, pr, redemption, frequency, [basis])。

参数说明如下。

☆ settlement（必选）：证券的结算日。证券结算日是在发行日期之后，证券卖给购买者的日期。

☆ maturity（必选）：证券的到期日。到期日是证券有效期截止时的日期。

☆ last_interest（必选）：证券的末期付息日。

☆ rate（必选）：证券的利率。

☆ pr（必选）：证券的价格。

☆ redemption（必选）：面值￥100 的证券的清偿价值。

☆ frequency（必选）：年付息次数。如果按年支付，frequency = 1；按半年期支付，frequency = 2；按季支付，frequency = 4。

☆ basis（可选）：要使用的日计数基准类型。

下面以【ODDLYIELD函数.xlsx】为例，讲解于2019年5月2日购买某证券，该证券到期日为2019年12月20日，末期付息日期为2018年11月6日，付息利率为3.17%，证券价格为600元，以半年付息，按实际天数/365为日计数基准，现在需要计算出末期付息日不固定的有价证券的收益率。

📢 Step01：输入函数。如图4-60所示，在【B10】单元格中输入函数【=ODDLYIELD(B2,B3,B4,B5,B6,B7,B8,B9)】。

📢 Step02：完成计算。按【Enter】键即可计算出证券的收益率，结果如图4-61所示。

图4-60　输入函数

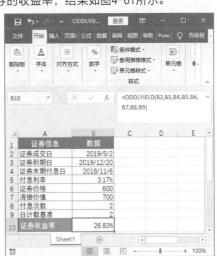

图4-61　完成计算

4.4.4 计算一次性付息的有价证券到期收回的金额

RECEIVED函数是计算一次性付息的有价证券到期收回的金额。需要明确证券的成交日、到期日、投资额、贴现率。要想清楚证券投资的回报，就选这个函数。

语法规则

函数语法：=RECEIVED(settlement,maturity,investment,discount,[basis])。

参数说明如下。

☆ settlement（必选）：证券的结算日。证券结算日是在发行日期之后，证券卖给购买者的日期。

☆ maturity（必选）：证券的到期日。到期日是证券有效期截止时的日期。

☆ investment（必选）：证券的投资额。

☆ discount（必选）：证券的贴现率。

☆ basis（可选）：要使用的日计数基准类型。

下面以【RECEIVED函数.xlsx】为例，讲解于2019年4月9日购买某证券，该证券到期日为2019年12月20日，证券投资金额为15万元，贴现率为4.52%，按实际天数/360为日计数基准，现在需要计算出该证券到期的总回收金。

Step01： 输入函数。如图4-62所示，在【B7】单元格中输入函数【=RECEIVED(B2,B3,B4,B5,B6)】。

Step02： 完成计算。按【Enter】键即可计算出证券到期的总回收金额，如图4-63所示。

图4-62 输入函数

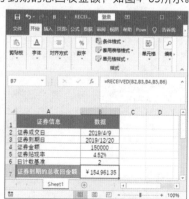

图4-63 完成计算

4.4.5 算清3种有价证券的收益率就用这3个函数

小 强

赵哥，你让我学习的证券函数，我已经学习了4个，都没遇到大问题。可是当我学习有价证券的收益率计算函数时，问题又来了，我不知道什么情况该选择什么函数，我有点糊涂。

赵 哥

小强，别急，你慢慢理解这三个有价证券收益率计算函数，不难发现，**YIELD函数用来计算定期支付利息的有价证券收益率；YIELDDISC函数用来计算折价发行的有价证券收益率；YIELDMAT函数用来计算到期付息有价证券的收益率**。所以你根据有价证券的类型来进行选择就不会出错了。

 1 **使用YIELD函数计算定期支付利息的有价证券收益率**

语法规则

函数语法：=YIELD(settlement,maturity,rate,pr,redemption,frequency,[basis])。

参数说明如下。

☆ settlement（必选）：有价证券的结算日。有价证券结算日在发行日之后，是有价证券卖给购买者的日期。

☆ maturity（必选）：有价证券的到期日。到期日是有价证券有效期截止时的日期。

☆ rate（必选）：有价证券的年息票利率。

☆ pr（必选）：有价证券的价格（按面值为￥100计算）。

☆ redemption（必选）：有价证券的兑换值（按面值为￥100计算）。

☆ frequency（必选）：年付息次数。如果按年支付，frequency = 1；按半年期支付，frequency = 2；按季支付，frequency = 4。

☆ basis（可选）：要使用的日计数基准类型。

下面以【有价证券收益率计算函数.xlsx】中的【YIELD】表为例，讲解于2019年3月8日，以97元的价格购买了2020年11月21日到期的面值100元的证券，半年利率为6.51%，以实际天数/365为日计数基准，计算该证券的收益率。

Step01：输入函数。如图4-64所示，在【B9】单元格中输入函数【=YIELD(B2,B3,B6,B4,B5,B7,B8)】。

Step02：完成计算。输入函数后，按【Enter】键即可看到该证券的收益率，结果如图4-65所示。

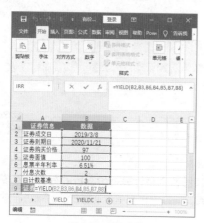

图4-64　输入函数　　　　　　图4-65　完成计算

 使用YIELDDISC函数计算折价发行的有价证券收益率

语法规则

函数语法：=YIELDDISC(settlement,maturity,pr,redemption,[basis])。

参数说明如下。

☆ settlement（必选）：有价证券的结算日。有价证券结算日在发行日之后，是有价证券卖给购买者的日期。

☆ maturity（必选）：有价证券的到期日。到期日是有价证券有效期截止时的日期。

☆ pr（必选）：有价证券的价格（按面值为￥100计算）。

☆ redemption（必选）：有价证券的兑换值（按面值为￥100计算）。

☆ basis（可选）：要使用的日计数基准类型。

下面以【有价证券收益率计算函数.xlsx】中的【YIELDDISC】表为例，讲解于2019年1月15日，以88.9元的价格购买了2019年12月8日到期的面值100元的证券，按半年付息，以实际天数/365为日计数基准，计算该证券的收益率。

Step01：输入函数。如图4-66所示，在【B7】单元格中输入函数【=YIELDDISC(B2,B3,B4,B5,B6)】。

Step02：完成计算。输入函数后，按【Enter】键即可看到该证券的收益率，结果如图4-67所示。

图4-66　输入函数

图4-67　完成计算

使用YIELDMAT函数计算到期付息有价证券的收益率

语法规则

函数语法：= YIELDMAT(settlement, maturity, issue, rate, pr, [basis])。

参数说明如下。

☆　settlement（必选）：有价证券的结算日。有价证券结算日在发行日之后，是有价证券卖给购买者的日期。

☆　maturity（必选）：有价证券的到期日。到期日是有价证券有效期截止时的日期。

☆　issue（必选）：有价证券的发行日，以时间序列号表示。

☆　rate（必选）：有价证券在发行日的利率。

☆　pr（必选）：有价证券的价格（按面值为￥100计算）。

☆　basis（可选）：要使用的日计数基准类型。

下面以【有价证券收益率计算函数.xlsx】中的【YIELDMAT】表为例，讲解于2019年3月8日，以96.5元的价格卖出2020年10月21日到期的面值100元的证券，证券发行日为2018年12月4日，半年利率为5.91%，以实际天数/365为日计数基准，计算该证券的收益率。

Step01：输入函数。如图4-68所示，在【B7】单元格中输入函数【=YIELDMAT (B2,B3,B4,B5,B6,B7)】。

Step02：完成计算。输入函数后，按【Enter】键即可看到该证券的收益率，结果如图4-69所示。

图4-68　输入函数

图4-69　完成计算

高手指引 EXCEL函数与公式应用大全　案例视频教程（全彩版）

CHAPTER 5

—

逻辑函数，让你的
表格会思考

在使用Excel统计分析数据时，我发现很多时候需要对数据进行判断。例如根据商品的销量数据对商品的等级分类、根据库数量判断商品是否需要补货等。

每当遇到这些问题，我就希望我的表格会思考。尤其是数据量大的时候，靠人工判断，简直是灾难。

当我遭受了不少"折磨"后，终于找到了解决方法，那就是使用逻辑判断函数，来让表格实现自动判断。

小 强

用好逻辑判断函数，你的Excel就会思考，而且不会出错，这比人工判断省事多了。

使用逻辑判断函数，首先要学会最基本的函数，例如TRUE函数表示逻辑真、FALSE表示逻辑假、AND函数表示同时满足条件、OR函数表示满足其中一个条件就行等。

当理解了逻辑函数的基本用法后，就可以将函数组合写出嵌套函数，给Excel规定一个逻辑判断的标准，剩下的，就交给Excel处理吧！

赵 哥

5.1　简单又实用的5个简单逻辑函数

张 总

小强，我让你将商品进行分类，你居然分错了。我不知道该批评你太粗心，还是批评你表格功夫不到家。你赶快把错误改正过来，下不为例。

小 强

张总，我已经知道错误出在哪里了，我没有使用逻辑判断函数进行判断。之前我只学过IF这一个逻辑判断函数，我马上查阅资料，看看哪个逻辑函数能解决这个问题。

赵哥

小强，你的做法很正确。IF确实是最基本的逻辑判断函数，但是你还需要将最基本的几个逻辑函数掌握，打牢了基础，才能写出复杂的逻辑判断函数。

5.1.1 使用"真假兄弟"函数来统计商品利润

小强

在我学习逻辑函数时，我发现TRUE（真）和FALSE（假）是一对形影不离的好兄弟。**TRUE代表正确、成立，而FALSE代表错误、不成立。**它们虽然很少单独使用，但是和IF函数等逻辑函数结合在一起，就变得十分有用。

而且在运算的时候，**TRUE等同于数字1，FALSE等同于数字0。**在进行逻辑判断的同时，顺便将数据统计了，简直太方便了。

下面以【利润统计.xlsx】表格为例，讲解TRUE和FALSE与IF函数的联合使用。某企业统计了一批商品的销售信息，现在根据售价和成本价判断商品中是否亏本，再将没有亏本的商品利润计算出来，方法如下。

Step01：判断是否亏本。如图5-1所示，在【E2】单元格中输入函数【=IF(C2>D2,TRUE,FALSE)】。函数的含义是，如果【C2】单元格的售价大于【D2】单元格的成本价，则显示TRUE，否则显示FALSE。

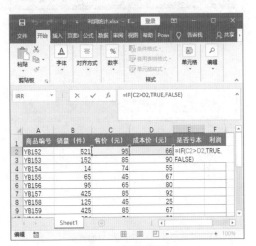

图5-1 判断是否亏本

Step02：完成亏本判断。向下复制函数，完成所有商品的亏本判断，如图5-2所示。

图5-2　完成亏本判断

Step03：计算利润。如图5-3所示，在【F2】单元格中输入函数【=E2*(C2-D2)*B2】，此时TRUE值将等同为1进行计算，而FALSE将等同为0进行计算。

Step04：完成利润计算。向下复制函数，便完成了所有商品的利润计算，结果如图5-4所示。

图5-3　计算利润　　　　　　　　　　　　　　　　　　图5-4　完成利润计算

使用AND函数判断多个条件是否同时成立

赵哥

　　学习逻辑函数，怎可少了AND这个函数可以用来判断多个条件是否同时成立，**如果条件成立则返回TRUE（逻辑真）值，如果有一个条件不成立则返回FALSE（逻辑假）值**。将AND函数与其他函数嵌套使用，还可以进行更复杂的判断。

语法规则

　　函数语法：= AND(logical1,[logical2], ...)。

　　参数说明如下。

　　logical1, logical2, ...: 待检测的 1 到 30 个条件值。

1　**使用AND函数判断条件是否同时成立**

　　在表格中，需要根据员工的情况判断是否可领奖金，只有同时满足工龄大于等于3年、绩效评分大于等于90分、销售额大于等于15万元，才可领奖金。

Step01：输入函数。如图5-5所示，在【E2】单元格中输入函数【=AND(B2>=3,C2>=90,D2>=15)】。

Step02：完成奖金判断。输入函数计算出第一位员工的奖金情况后，向下复制函数，即可判断出是否所有员工都有资格领取奖金，结果如图5-6所示。TRUE表示条件同时成立，可领奖金；FALSE表示条件没有同时满足，不能领取奖金。

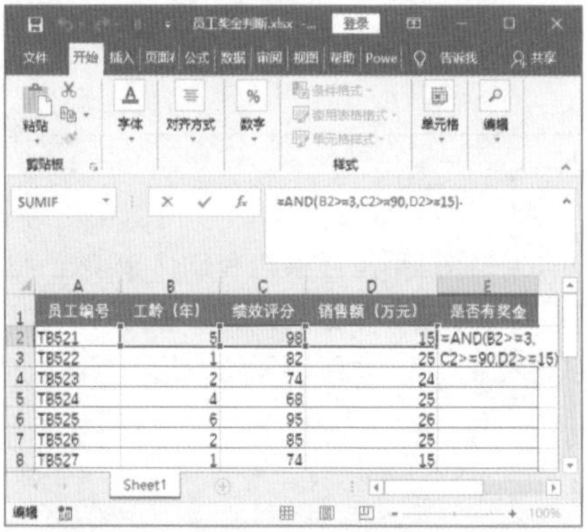

图5-5　输入函数 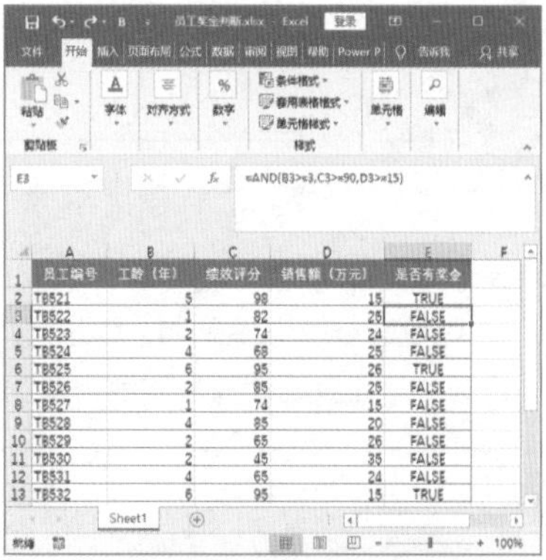　　　　　　　　　　　　图5-6　完成奖金判断

2 嵌套使用AND函数

如果希望直接显示员工可领取的奖金数额，则需要结合IF函数来进行条件判断。

Step01：输入函数。如图5-7所示，新建一列F列，在【F2】单元格中输入函数【=IF(AND(B2>=3,C2>=90,D2>=15),1000,0)】。该函数表示，如果AND函数的三个条件都满足，则显示【1000】，如果不同时满足条件，则显示【0】。

Step02：完成奖金金额判断。向下复制函数，即可显示所有员工可领取的奖金金额，结果如图5-8所示。

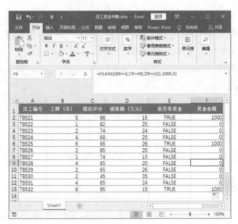

图5-7　输入函数　　　　　　　　　　　　　图5-8　完成奖金金额判断

5.1.3 使用OR函数判断是否满足一个或多个条件

 小强

赵哥教了我AND函数，我转念一想，既然有AND，那是不是应该也有OR？果然，我一研究就发现，**OR函数与AND也是兄弟，OR函数只要其中有一个或多个条件满足，就返回TRUE（逻辑真）值**。正好张总让我统计商品的合格情况，使用OR函数今天就可以不用加班了。

语法规则

函数语法：=OR(logical1,[logical2],...)。

参数说明如下。

logical1, logical2, ...：待检测的 1 到 30 个条件值。

OR函数的语法规则与AND函数相似，只输入需要判断的条件值即可。下面以【合格商品判断.xlsx】表为例，讲解OR函数使用方法。商品的销量大于1000件、利润大于2000元、回购客户数大于300位，只要满足其中一个条件，就是合格商品，可加大推广力度。

📢 Step01：输入函数。如图5-9所示，在【E2】单元格中输入函数【=IF(OR(B2>1000,C2>2000,D2>300),"合格","不合格")】。该函数表示，只要满足OR函数其中的一个或多个条件，就显示【合格】字样，否则显示【不合格】字样。

📢 Step02：完成合格情况判断。向下复制函数，即可判断出所有商品的合格情况，如图5-10所示。

图5-9 输入函数　　　　　　　　　　图5-10 完成合格情况判断

5.1.4　使用NOT函数找出不满足条件的数据

与TRUE、FALSE、AND、OR类似的简单函数还有NOT，从英文意思来看，NOT表示"不是"，因此这个函数的作用是求反。**当逻辑值为TRUE时，它就返回FALSE，逻辑值为FALSE时，它就返回TRUE。**根据这个特性，可以快速核对表格数据，找出不满足某条件的数据。

语法规则

函数语法：=NOT(logical)。

参数说明如下。

logical：可以计算出 TRUE 或 FALSE 结论的逻辑值或者逻辑表达式。

使用NOT函数时，要注意理解函数的逻辑。例如在【员工晋升判断.xlsx】表中，只有级别不为A的员工，才可以晋升。在使用NOT函数来完成判断时，其逻辑如图5-11所示。首先进行NOT函数的条件判断，然后通过IF函数返回对应的结果。

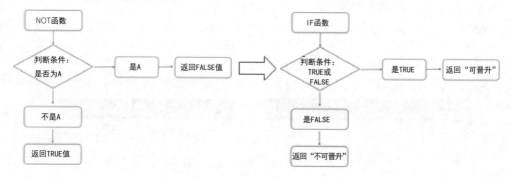

图5-11　IF和NOT嵌套函数的判断流程

根据上面的逻辑，具体的函数使用方法如下。

Step01:输入函数。如图5-12所示，在【D2】单元格中输入函数【=IF(NOT(C2="A"),"可晋升","不可晋升")】。

Step02：完成判断。向下复制函数，即可完成所有员工可否晋升的判断，结果如图5-13所示。

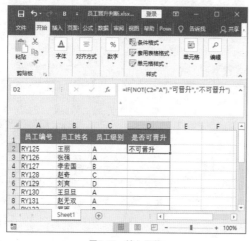

图5-12　输入函数

图5-13　完成判断

5.2 遇到更复杂的逻辑判断也不怕

张总

小强，这几天有一些复杂的表格需要你处理一下，你要找出符合多重推广条件的商品、根据条件对商品进行统计。如果表格中有错误值、表格结构有问题，都需要你进行调整。

小强

赵哥，看到张总给我布置的任务，我心里没底。我现在只会简单的逻辑函数，可处理不了这么复杂的任务呀！

赵哥

小强，你学会了简单的逻辑函数，说明你已经理解了逻辑函数的概念及使用方法。虽然**在实际工作中，需要你判断的情况往往比较复杂，使用单一的逻辑判断函数完成不了任务**。但是你只要按照相同的方法，**厘清函数间的逻辑，学会使用复杂的嵌套函数、再补充学习其他的函数**，相信你没问题。

5.2.1 找出符合多重条件的商品

小强

张总给了我一张表，让我找出符合多重条件的商品，以便针对优质商品进行推广活动。看到张总给的条件，我的脑袋有点晕。

赵哥告诉我，只要记住，**AND函数表示要同时满足条件、OR函数表示满足其中一个条件即可**，再结合IF函数，就能进行复杂的条件判断。赵哥还教了我一招，**新手写函数，借助逻辑图来厘清关系**。简直是我的救星！

下面以【商品筛选.xlsx】表格为例，讲解如何使用嵌套函数进行多重条件判断。

📢 Step01：分析表格。如图5-14所示，是数据表格，现在需要判断商品是否符合推广需求，只要满足其中一个条件即可推广。条件一：产量大于300件/月，且利润大于110元的商品；条件二：销量大于100件/月，且回购客户数比例大于30%的商品。

	A	B	C	D	E	F
1	商品编号	产量（件/月）	销量（件/月）	利润（元）	回购客户数比例（%）	是否符合推广需求
2	UM153	514	125	95	36.00%	
3	UM154	524	425	125	23.53%	
4	UM155	625	125	254	20.00%	
5	UM156	125	95	15	65.26%	
6	UM157	654	542	85	28.04%	
7	UM158	758	654	74	23.24%	
8	UM159	125	85	65	29.41%	

图5-14　表格数据

📢 Step02：厘清逻辑关系。在这个任务需求中，一共有两组关系需要判断。首先要用2个AND函数分别对条件进行判断，这个判断会产生4个结果。再通过OR函数对AND函数产生的结果组合进行判断，从而返回结果。这里设置结果为TRUE时，返回【符合】二字，结果为FALSE时返回【不符合】三个字。关系如图5-15所示。

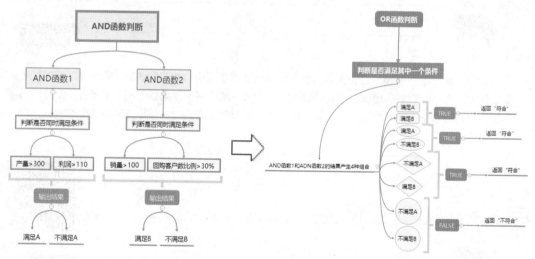

图5-15　将函数转换成逻辑关系图

📢 Step03：输入函数完成计算。根据上面的分析，在【F2】单元格中输入函数【=IF(OR(AND(B2>300,D2>110),AND(C2>100,E2>30%)),"符合","不符合")】，然后按【Enter】键，向下复制函数完成计算。结果如图5-16所示。

图5-16 使用嵌套函数完成判断

温馨提示

函数中的括号是成对出现的，在编辑嵌套函数时，要注意每个函数的左右括号是否完整。Excel在进行函数计算时，中间的括号优先级最高，因此计算顺序是从里到外的。本例中，2个AND函数的括号在最里面，因此先进行AND函数判断，然后再进行OR函数判断，最后通过IF函数的判断返回结果。

5.2.2 找出符合需要的商品同时进行统计

小强

嵌套函数的威力真大，条件再复杂也能一键完成判断。刚才我完成了张总布置的一个任务，用函数找出了符合需求的商品，然后再用SUM函数统计出商品的总销售额，真简单。

赵哥

小强，你刚说了"嵌套函数威力大"。难道你没想过，**SUM函数也可以和IF函数嵌套**使用吗？在判断的同时就完成了统计，更简单。

121

下面以【统计符合要求的商品数据.xlsx】表为例，讲解如何用一个函数统计"胜利店"的商品销售额，以及"重点产品"的销售额。

📢 Step01：以店铺为条件统计销售额。如图5-17所示，在【H2】单元格中输入函数【=SUM(IF(B2:B22="胜利店",F2:F22))】，然后按【Ctrl+Shift+Enter】组合键，完成数组函数的编辑，从而计算出胜利店的所有商品销售总额。

商品编号	店铺	类型	销量（件）	售价（元）	销售额（元）		胜利店产品销售额
UM153	胜利店	重点产品	125	95	11875		=SUM(IF(B2:B22="胜利店",F2:F22))
UM154	利通店	普通产品	425	125	53125		
UM155	胜利店	重点产品	125	254	31750		
UM156	利通店	普通产品	95	15	1425		
UM157	利通店	重点产品	542	85	46070		
UM158	利通店	普通产品	654	74	48396		
UM159	胜利店	普通产品	85	65	5525		
UM160	利通店	重点产品	87	654	56898		
UM161	利通店	普通产品	66	125	8250		
UM162	永宁店	普通产品	452	425	192100		
UM163	胜利店	普通产品	125	654	81750		
UM164	永宁店	重点产品	54	145	7830		
UM165	永宁店	普通产品	26	254	6604		
UM166	胜利店	普通产品	195	158	30810		
UM167	永宁店	重点产品	265	745	197425		
UM168	永宁店	普通产品	654	125	81750		
UM169	永宁店	重点产品	625	125	78125		
UM170	永宁店	普通产品	325	265	86125		
UM171	利通店	重点产品	95	425	40375		
UM172	胜利店	普通产品	152	145	22040		
UM173	永宁店	重点产品	654	85	55590		

图5-17　以店铺为条件统计销售额

📢 Step02：以产品类型为条件统计销售额。如图5-18所示，在【I2】单元格中输入函数【=SUM(IF(C2:C22="重点产品",F2:F22))】，然后按【Ctrl+Shift+Enter】组合键，完成数组函数的编辑，从而计算出重点产品的销售总额。

商品编号	店铺	类型	销量（件）	售价（元）	销售额（元）		胜利店产品销售额	重点产品销售额
UM153	胜利店	重点产品	125	96	11875		183750	525938
UM154	利通店	重点产品	425	125	53125			
UM155	胜利店	重点产品	125	254	31750			
UM156	利通店	普通产品	95	15	1425			
UM157	利通店	重点产品	542	85	46070			
UM158	利通店	普通产品	654	74	48396			
UM159	胜利店	普通产品	85	65	5525			
UM160	利通店	重点产品	87	654	56898			
UM161	利通店	普通产品	66	125	8250			
UM162	永宁店	普通产品	452	425	192100			
UM163	胜利店	普通产品	125	654	81750			
UM164	永宁店	重点产品	54	145	7830			
UM165	永宁店	普通产品	26	254	6604			
UM166	胜利店	普通产品	195	158	30810			
UM167	永宁店	重点产品	265	745	197425			
UM168	永宁店	普通产品	654	125	81750			
UM169	永宁店	重点产品	625	125	78125			
UM170	永宁店	普通产品	325	265	86125			
UM171	利通店	重点产品	95	425	40375			
UM172	胜利店	普通产品	152	145	22040			
UM173	永宁店	重点产品	654	85	55590			

图5-18　以产品类型为条件统计销售额

温馨提示

在本例中，必须使用数组公式才能完成SUM求和统计。如统计胜利店的销售额时，其计算原理是先使用IF函数对B2:B22单元格区域进行判断，找出值为【胜利店】的单元格，然后提取对应的F列值，得到一个临时存放在内存中的内存数组，该数组是｛ 11875;31750;5525······ ｝，最后使用SUM函数，对这一组数据进行求和统计。

5.2.3 快速排除错误值统计数据

小强

做表格时最怕遇到有错误的源数据了，【#NAME?】、【#N/A】等错误值让我头大。这不，张总又给了我一张有错误值的表，让我统计销量。直接用SUM函数，肯定会返回错误呀。还好我机智，发现了**ISERROR**这个函数，**这个函数用于检测公式的计算结果是否为错误值**。与SUM函数、IF函数嵌套使用，轻松搞定错误值。

语法规则

函数语法：=ISERROR (value,[value_if_error])。

参数说明如下。

☆ value（必选）：value为错误值时返回TRUE，否则返回FALSE。

☆ value_if_error（可选）：公式的计算结果为错误时要返回的值。

下面以【排除错误值统计数据.xlsx】表为例，讲解如何排除错误值，使用SUM函数进行销量求和统计。

如图5-19所示，在【F2】单元格中输入函数【 =SUM(IF(ISERROR(B2:B22),0,B2:B22)) 】，然后按【Ctrl+Shift+Enter】组合键，完成数组函数的编辑，从而计算出销量不为错误值时，销量的总和是多少。

该函数的计算逻辑如图5-20所示，首先通过ISERROR函数对【 B2:B22 】单元格的数据进行判断，如果是错误值则返回TRUE，如果是正常值则返回FALSE。接着再用IF函数进行判断，IF函数值为TRUE时返回

0，值为FALSE时返回单元格的数据。最后再对返回的一系列数据进行求和统计。

图5-19　输入函数排除错误值求和

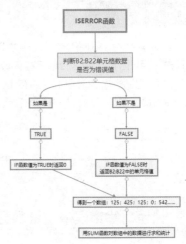

图5-20　函数计算逻辑

技能提升

在Excel中错误类型的数据有：【#N/A】、【#VALUE!】、【#REF!】、【#DIV/0!】、【#NUM!】、【#NAME?】或【#NULL!】。如果只想通过ISERROR运算返回一个错误值的结果，可以设置value_if_error参数。如函数【=ISERROR(A2,"错误数据")】，当A2单元格为错误值时，将返回"错误数据"四个字；当A2单元格为正常值时，将返回A2单元格的数据。

5.2.4 用IF函数调整表格结构

 小强

IF函数太有意思了，只要开动脑筋，就可以实现意想不到的效果。今天在汇总数据时，其他同事给了我一张不规范的表，我灵机一动，使用IF函数来根据条件提取表格数据，再结合【查找替换】功能，就实现了表格结构的改变。

下面以【结构调整.xlsx】表为例，讲解如何通过IF函数提取数据并调整表格结构。

Step01：取消单元格合并。如图5-21所示，❶选中【A2:A10】单元格区域，❷选择【开始】选项卡下的【合并后居中】菜单中的【取消单元格合并】选项。

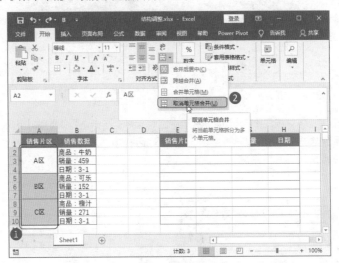

图5-21　取消单元格合并

Step02：输入函数提取商品名。如图5-22所示，在【F2】单元格中输入函数【=IF(A2="","",B2)】。从而提取【B2】单元格中的数据。

图5-22　输入函数提取商品名

Step03：完成函数输入。如图5-23所示，在【G2】单元格输入【=IF(A2="","",B3)】，在【H2】单元格中输入【=IF(A2="","",B4)】然后选中【F2:H2】单元格区域，按住鼠标左键向下拖动复制函数。

图5-23 完成函数输入并向下复制函数

📢 Step04：删除空单元格。按住【Ctrl】键分别选中空单元格，右击选择【删除】选项，如图5-24所示。

📢 Step05：选择删除方式。如图5-25所示，❶在对话框中选择【下方单元格上移】选项，❷单击【确定】按钮，即可将空白单元格删除。

图5-24 删除空单元格

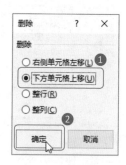

图5-25 选择删除方式

📢 Step06：将函数结果替换成值。为了实现后面的查找替换，如图5-26所示，❶选中【F2:H4】单元格区域，按【Ctrl+C】组合键复制数据，❷打开【粘贴】下拉列表框，❸选择【值】的粘贴方式。

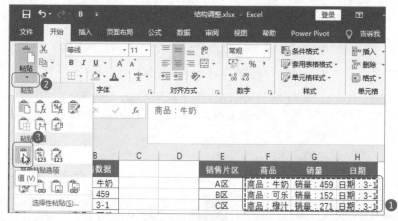

图5-26 将函数结果替换成值

Step07：删除多余文字。如图5-27所示，❶选中【F2:H4】单元格区域，按【Ctrl+H】组合键打开【查找和替换】对话框。❷在【查找内容】文本框中输入【*：】，其中【*】代表任意字符。❸单击【全部替换】按钮，即可将【：】号前面的文字删除。

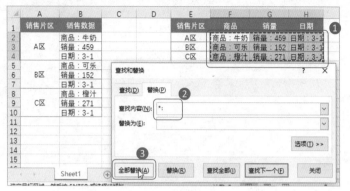

图5-27　删除多余文字

Step08：查看表格结构替换效果。如图5-28所示是表格替换前后的对比，此时已成功改变了表格结构。

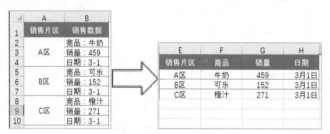

图5-28　完成表格结构转换

CHAPTER 6

文本函数，让表格内容听话

我特别害怕遇到数据提取、合并类问题。例如一张几百人的客户信息表，让我提取客户的生日、从海量的产品编码中提取产品规格的数据……

这类问题可以让我加班到天昏地暗，加到我怀疑人生。通过请教赵哥，我知道了文本函数。文本函数简直就是数据提取、重组的克星。不会文本函数，在职场中简直寸步难行。

小 强

没错！文本函数，听起来和数据关系不大，却是极其重要的一类函数。无论是行政人员、销售人员、财务人员均要用到。

文本函数的作用可不仅仅是提取和合并数据，还能转换数据格式、查找和替换数据、重组数据。

Excel中的数据分为文本型、数值型、逻辑值和错误值。文本型指的是字符串，如中文、英文。一个中文汉字占2个字符位置、一个英文或数字及标点符号占1个字符的位置。

赵 哥

6.1 文本转换，让格式再也不错

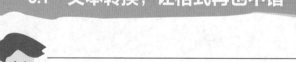

小 强

赵哥，你不知道我心里有多苦！最近张总让我处理的表格多多少少都有格式问题，我在处理前还要一一修改格式。唉，统计数据的同事能不能细心点，让格式规范点呀。

赵 哥

小强，统计数据的同事是得好好批评一下。不过，这点问题也不至于让你如此苦恼吧。你**不要局限思维，以为函数只能用来计算数据，其实函数也能转换成文本格式**，无论是输入法相关的格式问题还是货币、大小写、英文等相关的格式问题，统统交给函数吧。

要想格式规范，就要学会半角/全角转换

小 强

赵哥，我被半角、全角的概念弄晕了。我从其他销售统计软件导到Excel中的数据，格式不对，英文和数字中间的空格也很大。我查资料知道是半角和全角出了问题，可就是找不到解决的方法。

赵 哥

小强，我这样给你解释吧。半角、全角指的是英文、数字、中文等内容占字符的大小。**中文的汉字占2个字符，它只有全角状态。半角状态下，英文和数字占1个字符；全角状态下，英文和数字占2个字符。**

在Excel表中，**半角、全角不仅会影响文字排版，还会影响计算。**例如，全角状态下的数字就是文本格式，如果进行函数计算就会出错。

你可以**使用ASC函数和WIDECHAR函数进行半角或全角的转换**，不过，这两个函数对双字节字符，如中文汉字是无效的。

 1 用ASC函数将全角字符转换为半角字符

语法规则

函数语法：= ASC(text)。

参数说明如下。

text（必选）：表示要转换的文本或单元格。

下面以【半角、全角转换.xlsx】表格中的【ACS】表为例，讲解如何将全角字符转换为半角字符。

Step01：查看表格。如图6-1所示，在这张表格中，英文和数字是全角状态，存在两个问题：❶英文和数字之间的距离太宽，不美观；❷无法使用函数统计销量。

Step02：输入函数。如图6-2所示在【E2】单元格中输入函数【=ASC(A2)】，按【Enter】键完成【A2】单元格的数据转换。

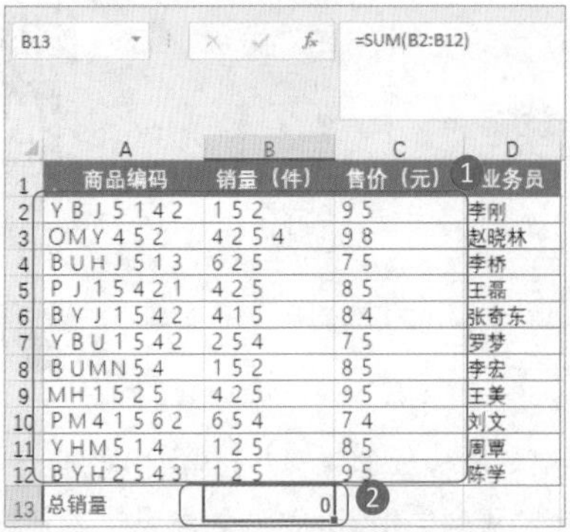

图6-1 查看表格

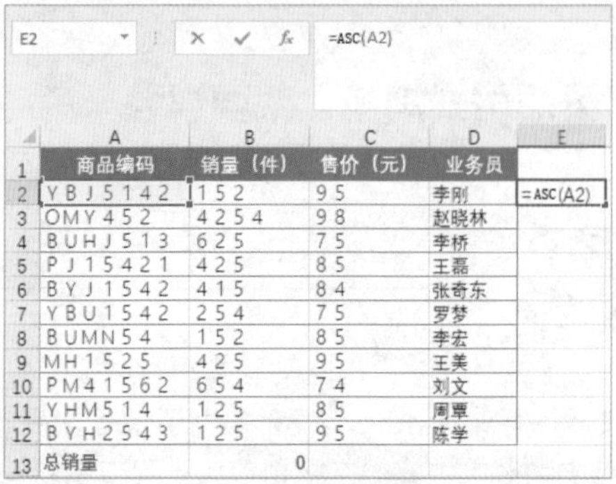

图6-2 输入函数

Step03： 复制转换后的数据。如图6-3所示，在E列往下拖动复制函数，直到转换完A列的所有数据，然后选中【E2:E12】单元格区域，按【Ctrl+C】组合键进行复制。

Step04： 以值的形式粘贴数据。如图6-4所示，❶选中【A2:A12】单元格区域，❷单击【粘贴】下三角按钮，❸选择【值】的粘贴形式，从而在A列完成数据替换。

图6-3 复制转换后的数据

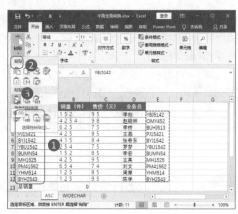

图6-4 以值的形式粘贴数据

Step05： 继续转换粘贴其他列数据。如图6-5所示，删除E列数据，用同样的方法继续转换其他列的数据。❶在【E2】单元格中输入函数【=ASC(B2)】，然后往下拖动复制函数，选中E列完成转换的数据，按【Ctrl+C】组合键进行复制；❷选中【B2:B12】单元格区域，再对数据以【值】的方式粘贴即可。

Step06： 转换为数字。因为B列是需要参与运算的数据，所以需要进一步转换。如图6-6所示，❶选中【B2:B12】单元格区域，单击左上角的黄色按钮；❷选择【转换为数字】选项。

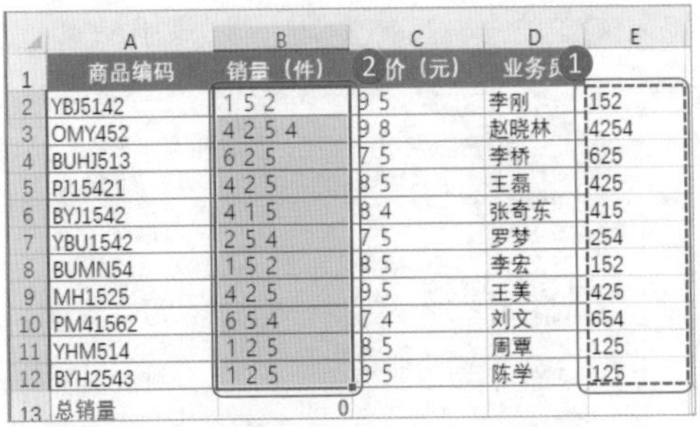

图6-5 继续转换粘贴其他列数据

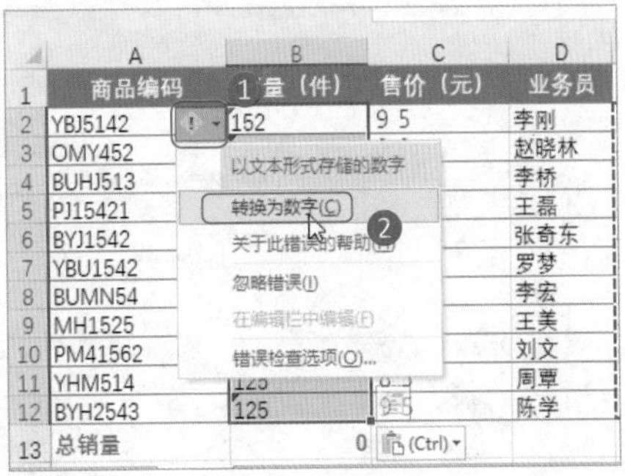

图6-6 转换为数字

Step07： 完成全角转半角的操作。用同样的方法，继续转换C列售价数据。最终结果如图6-7所示，【B13】单元格中显示了正确的销量统计结果，并且其他英文和数字之间的距离正常了。

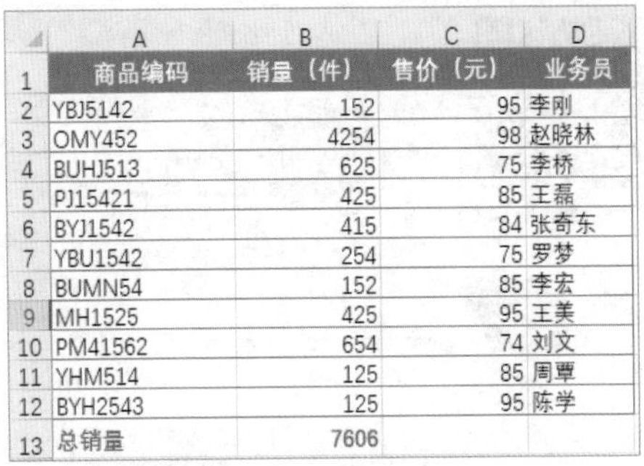

图6-7 完成全角转半角的操作

2 用WIDECHAR函数将半角字符转换为全角字符

语法规则

函数语法：=WIDECHAR(text)。

参数说明如下。

text（必选）：表示要转换的文本或单元格。

下面以【半角、全角转换.xlsx】表格中的【WIDECHAR】表为例，讲解如何将半角字符转换为全角字符。

Step01： 输入函数。在如图6-8所示的表格中，A列既有中文又有英文和数字，而中文占2个字符，英文和数字占1个字符，导致A列的内容无法对齐。在【E2】单元格输入函数【=WIDECHAR(A2)】。

Step02： 复制并粘贴转换成全角的数据。在E列中往下拖动复制函数，然后复制E列数据并粘贴到A列，结果如图6-9所示，此时A列的内容便对齐了。

133

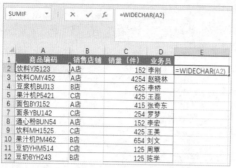

图6-8 输入函数

	A	B	C	D
1	商品编码	销售店铺	销量（件）	业务员
2	饮料ＹＪ５１２３	A店	152	李刚
3	饮料ＯＭＹ４５２	A店	4254	赵晓林
4	豆浆机ＢＵＪ１３	B店	625	李桥
5	果汁机Ｐ５４２１	C店	425	王磊
6	面包ＢＹＪ１５２	A店	415	张奇东
7	面条ＹＢＵ１４２	C店	254	罗梦
8	通心粉ＢＵＮ５４	A店	152	李宏
9	饮料ＭＨ１５２５	C店	425	王美
10	果汁机ＰＭ４６２	B店	654	刘文
11	豆奶ＹＨＭ５１４	C店	125	周覃
12	豆奶ＢＹＨ２４３	B店	125	陈学

图6-9 复制并粘贴转换成全角的数据

 快速转换出带￥或$的文本

 张总

小强，你现在处理数据越来越专业了。从今天开始，我就将国际市场的数据交给你处理，注意货币单位不要出错哟。

 小强

张总您放心。我现在已经领略到了文本转换函数的魅力，不仅可以轻松转换全角、半角，还可以**使用RMB函数将美元转换成人民币**，或者是使用**DOLLAR函数将人民币转换成美元**。

 用RMB函数将美元转换为带￥符号的人民币文本

语法规则

函数语法：=RMB(number,[decimals])。

参数说明如下。

☆ number（必选）：表示需要转换成人民币格式的数字。

☆ decimals（可选）：指定小数点右边的位数。如果必要，数字将四舍五入；如果忽略，decimals的值为2。

下面以【美元、人民币转换.xlsx】中的【RMB】表为例，讲解在美元与人民币汇率为7.16的前提下，如何将国际贸易表中的美元转换为人民币。

Step01：输入函数。如图6-10所示，选中要存放结果的单元格【C3】，输入函数【=RMB(B2*7.16,2)】，按【Enter】键即可得到计算结果。

Step02：复制函数完成转换。往下复制函数，完成C列的数据转换，结果如图6-11所示。

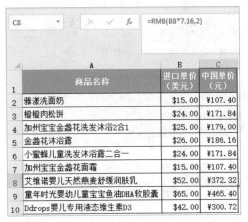

图6-10　输入函数　　　　　　　　　　　图6-11　复制函数完成转换

 用DOLLAR函数将人民币转换为带$符号的美元文本

语法规则

函数语法：=DOLLAR(number,[decimals])。

参数说明如下。

☆ number（必选）：表示需要转换的数字，该参数可以是数字，也可以是指定的单元格。

☆ decimals（可选）：表示以十进制数表示的小数位数。如果省略该参数，表示保留两位小数；如果参数为负数，表示在小数点左侧四舍五入。

下面以【美元人民币转换.xlsx】中的【DOLLAR】表为例，讲解在美元与人民币汇率为7.16的前提下，如何将人民币转换为美元。

Step01：输入函数。如图6-12所示，选中要存放结果的单元格【C3】，输入函数=【DOLLAR(B2/7.16,2)】，按【Enter】键即可得到计算结果。

Step02：复制函数完成转换。往下复制函数，完成C列的数据转换，结果如图6-13所示。

| SUMIF | ▼ | : | × | ✓ | fx | =DOLLAR(B2/7.16,2) |

	A	B	C
1	商品名称	中国单价（元）	美国单价（美元）
2	雅漾洗面奶	=DOLLAR(B2/7.16,2)	
3	橙橙肉松饼	¥171.84	
4	加州宝宝金盏花洗发沐浴2合1	¥179.00	
5	金盏花沐浴露	¥186.16	
6	小蜜蜂儿童洗发沐浴露二合一	¥171.84	
7	加州宝宝金盏花面霜	¥107.40	
8	艾维诺婴儿天然燕麦舒缓润肤乳	¥372.32	
9	童年时光婴幼儿童宝宝鱼油DHA软胶囊	¥465.40	
10	Ddrops婴儿专用液态维生素D3	¥300.72	

图6-12 输入函数

| C9 | ▼ | : | × | ✓ | fx | =DOLLAR(B9/7.16,2) |

	A	B	C
1	商品名称	中国单价（元）	美国单价（美元）
2	雅漾洗面奶	¥107.40	$15.00
3	橙橙肉松饼	¥171.84	$24.00
4	加州宝宝金盏花洗发沐浴2合1	¥179.00	$25.00
5	金盏花沐浴露	¥186.16	$26.00
6	小蜜蜂儿童洗发沐浴露二合一	¥171.84	$24.00
7	加州宝宝金盏花面霜	¥107.40	$15.00
8	艾维诺婴儿天然燕麦舒缓润肤乳	¥372.32	$52.00
9	童年时光婴幼儿童宝宝鱼油DHA软胶囊	¥465.40	$65.00
10	Ddrops婴儿专用液态维生素D3	¥300.72	$42.00

图6-13 复制函数完成转换

温馨提示

使用RMB和DOLLAR函数转换后的内容是文本形式，而非数值形式。因此不能对带$或￥符号的数值进行函数计算。

6.1.3 将数值转换为大写汉字就用这个函数

 小强

职场中的"表哥表姐"们经常需要将数字转换成大写汉字，金额小还算简单，若是金额大的话，哎哟，那可伤脑筋了。不过只要使用NUMBERSTRING函数，就可以一键实现数字转大写汉字，而且还可以选择3种不同的大写汉字方式。不过，这个函数仅支持正整数，不支持有数字的小数部分。

这不，我今天用这个函数才1分钟就完成了张总布置的任务，剩下的时间就喝杯下午茶吧。

语法规则

函数语法：=NUMBERSTRING(value,[type])。

参数说明如下。

☆ value（必选）：表示需要转化为大写汉字的数值。

☆ type（可选）：表示返回结果的类型，有1、2、3三个参数可以选择。当参数为1时，返回值为

"一百二十三"的大写形式；当参数为2时，返回值为"壹佰贰拾叁"的大写形式；当参数为3时，返回值为"一二三"的大写形式。

下面以【NUMBERSTRING函数.xlsx】表格为例，讲解如何将数值转换成大写汉字。

Step01：输入函数。如图6-14所示，在【E2】单元格中输入函数【=NUMBERSTRING(D2,2)】，因为想将数值转成为"壹佰贰拾叁"的大写汉字形式，所以最后一个参数是2。

Step02：复制函数完成转换。往下复制函数，完成E列的数据转换，结果如图6-15所示，此时D列的销售额数值就全部转换成大写的金额了。

图6-14　输入函数

图6-15　复制函数完成转换

温馨提示

使用NUMBERSTRING有以下3个注意事项。

（1）在该函数中，所有参数都必须为数值、文本格式的数字或逻辑值，如果该参数为文本将返回错误值【#VALUE!】。

（2）如果参数type为省略，NUMBERSTRING也将返回错误值【#VALUE!】。

（3）NUMBERSTRING为隐藏函数，所以在使用该函数时，只能手动输入，不会出现输入提示。

6.1.4　3个好学又好用的英文大小写转换函数

小 强

赵哥，做表越多，出现的问题也越多。就拿今天张总让我处理的外籍客户信息表来说吧，数据格式没出问题，可是其英文文本却出了问题。商品名称全是大写，让人难以阅读，客户姓名首字母没有大写、客户建议全是小写。天啊，调查统计人员能不能规范制表呀。

赵哥

小强，遇到问题就应该先上网搜索一下有没有能解决问题的函数。你的问题，只要三个函数就能解决：**使用LOWER函数可以将大写字母转换为小写字母；使用UPPER函数可以将小写字母转换为大写字母；使用PROPER函数可以将英文单词的第一个字母改为大写，而将其他字母改为小写。**

下面以【英文大小写转换.xlsx】表格为例，讲解英文大小写字母间的转换。

语法规则

函数语法：=LOWER(text)。

参数说明如下。

text（必选）：表示需要转换为小写字母的文本字符串或单元格。

Step01：将英文转换成小写。如图6-16所示B列的商品名称均为大写，不方便辨认。在【G2】单元格中输入函数【=LOWER(B2)】，按【Enter】键后往下复制函数，即可完成转换。最后再将G列内容复制并粘贴到B列中即可。

	A	B	C	D	E	F	G
1	订单编号	商品名称	销量（件）	售价（元）	客户姓名	客户建议	
2	Y15246	CARBONATED DRINK	1524	95.01	jafferson clinton	lower the price.	carbonated drinks
3	Y15247	FOOD	1254	85.05	bill clinton	the shelf life should not be too long.	food
4	Y15248	CONDIMENTS	125	74.00	george bush	pay attention to packing during transportation.	condiments
5	Y15249	DAILY NECESSITIES	6254	85.00	jake wood	don't overpack.	daily necessities
6	Y15250	FOOD	152	95.50	black longfellow	it doesn't taste good enough.	food
7	Y15251	CARBONATED DRINK	695	45.05	george brown	the price is too high.	carbonated drinks
8	Y15252	CARBONATED DRINK	754	65.00	tom cruise	the packing is not pretty.	carbonated drinks
9	Y15253	FOOD	654	74.00	steve jobs	the goods are too heavy.	food
10	Y15254	DAILY NECESSITIES	854	85.00	kobe bryant	unable to use coupons.	daily necessities

图6-16 将英文转换成小写

语法规则

函数语法：=PROPER(text)。

参数说明如下。

text（必选）：表示需要转换字母大小写的文本字符串或单元格。

Step02：将单词第一个字母转换成大写。如图6-17所示，E列的客户姓名均为小写，不符合书写规范。在【G2】单元格中输入函数【=PROPER(E2)】，按【Enter】键后往下复制函数，即可完成转换。最后再将G列内容复制并粘贴到E列中即可。

图6-17 将单词第一个字母转换成大写

语法规则

函数语法：=UPPER(text)。

参数说明如下。

text（必选）：表示需要转换字母大小写的文本字符串或单元格。

Step03：将句首字母转换成大写。如图6-18所示F列的客户建议均为小写，不符合书写规范。在【G2】单元格中输入函数【=UPPER(LEFT(F2,1))&LOWER(RIGHT(F2,LEN(F2)-1))】，该函数表示，将最左边的第一个字符转换成大写，右边的所有字符均转换为小写。按【Enter】键后往下复制函数，即可完成转换。最后再将G列内容复制并粘贴到F列中即可。

图6-18 将句首字母转换成大写

此时完成英文大小写字母调整后的表格效果如图6-19所示。

	A	B	C	D	E	F
1	订单编号	商品名称	销量（件）	售价（元）	客户姓名	客户建议
2	Y15246	carbonated drinks	1524	95.01	Jefferson Clinton	Lower the price.
3	Y15247	food	1254	85.05	Bill Clinton	The shelf life should not be too long.
4	Y15248	condiments	125	74.00	George Bush	Pay attention to packing during transportation.
5	Y15249	daily necessities	6254	85.00	Jake Wood	Don't overpack.
6	Y15250	food	152	95.50	Black Longfellow	It doesn't taste good enough.
7	Y15251	carbonated drinks	695	45.05	George Brown	The price is too high.
8	Y15252	carbonated drinks	754	65.00	Tom Cruise	The packing is not pretty.
9	Y15253	food	654	74.00	Steve Jobs	The goods are too heavy.
10	Y15254	daily necessities	854	85.00	Kobe Bryant	Unable to use coupons.

图6-19 最终转换结果

6.1.5 数据计算不出来？快将文本格式转换成数值格式

Excel小小的问题，找不到解决方法就可以耽误半天。在统计张总交给我的国际贸易表数据时，我算了半天也算不出销售额。原来我使用RMB函数转换了单价后，就是文本数据了，当然不能进行计算了。还好赵哥来救急，**教给了我文本格式转数值格式的法宝——VALUE函数**，这下计算就不会出问题了。

语法规则

函数语法：= VALUE(text)。

参数说明如下。

text（必选）：表示文本格式的字符串或单元格。

下面以【VALUE函数.xlsx】表格为例，讲解如何将文本格式转换为数值格式。

Step01：输入函数。如图6-20所示，【B11】单元格中的平均单价无法计算，因为B列的单价数据是文本型。在【E2】单元格中输入函数【=VALUE(B2】。

Step02：复制、粘贴数据。如图6-21所示，❶在E列中完成单价数据的转换后，选中【E2:E10】单元格区域的数据，按【Ctrl+C】组合键复制数据；❷再选中【B2:B10】单元格区域；❸选择【值】的粘贴方式。

图6-20 输入函数

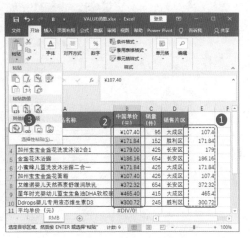

图6-21 复制、粘贴数据

Step03：添加货币符号。如图6-22所示，❶选中B列数据，单击【数字】组中的【数字格式】按钮；❷选择【货币】格式。

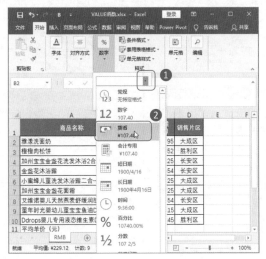

图6-22 添加货币符号

Step04：查看效果。此时就完成了表格的格式调整，如图6-23所示，【B11】单元格中的平均值显示了正确结果，并且B列数据转换成带货币符号的数值型数据。

图6-23　完成格式调整

6.2　文本提取，轻松从表格中提取内容

张总

小强，你根据我给你的客户信息表和商品生产表，将客户的生日统计出来，我们要及时送上生日的祝福；而商品生产表，我需要查看商品的类型、所在仓库等信息。

小强

咦？张总，你给我的表中，没有显示客户的出生日期，也没有显示商品的类型、仓库等信息呀？

赵哥

小强，这你就不知道了吧！**使用字符串提取函数，可以随意提取单元格中特定位置和位数的字符串。**例如从身份证号码中提取出生月份和日期，从商品编码中提取表示商品类型的信息。字符串提取函数使用频率非常高，你只有将基本的提取函数学会，才能进一步编写出嵌套函数，在复杂的情况下进行字符提取，快去学习吧。

6.2.1 这样学习，6个提取函数记得又快又牢

小 强

赵哥，我按照您的指点，学习了字符串提取函数。大概知道，字符提取可以从字符的左边、右边、中间提取。可我分不清LEFT函数和LEFTB函数、RIGHT函数和RIGHTB函数、MID函数和MIDB函数。

赵 哥

小强，表面上看要区分6个函数很难，其实只要清楚字符和字符的概念就容易多了。1个半角英文、数字是1个字节，1个汉字是2个字节。如果以字符来算，无论什么状态下的1个英文、数字或汉字，均是1个字符。

因此，LEFT、RIGHT、MID函数是以字符为单位提取内容的；而LEFTB、RIGHTB、MIDB函数是以字节为单位提取内容。

这两种函数都可以实现相同的效果，但是在嵌套函数中，就需要考虑使用哪个函数来精确设定字符提取长度了。

 从左边提取，LEFT和LEFTB函数

语法规则

函数语法：=LEFT(text,[num_chars])。

参数说明如下。

☆ text（必选）：需要提取字符的文本字符串。

☆ num_chars（可选）：指定需要提取的字符数，如果忽略，则为1。

语法规则

函数语法：=LEFTB(text,[num_bytes])。

参数说明如下。

☆ text（必选）：需要提取字符的文本字符串。

☆ num_bytes（可选）：需要提取的字节数，如果忽略，则为1。

下面以【字符串.xlsx】文件中的【从左边提取】表为例，讲解如何提取单元格左边的字符串，从而判断商品的类型和送货地。当商品编号首字母为"SP"时，商品类型为"食品"；首字母为"YL"时，商品类型为"饮料"；首字母为"YP"时，商品类型为"日用品"。商品的送货地与送货车牌号的左边文字一致。

Step01：输入函数。如图6-24所示，在【C2】单元格中输入函数【=IF(LEFT(A2,2)="sp","食品",IF(LEFT(A2,2)="YL","饮料",IF(LEFT(A2,2)="YP","日用品")))】，通过LEFT函数提取商品编码左边的两个字符，再使用IF嵌套函数进行判断。

Step02：复制函数。如图6-25所示，往下复制函数则完成了商品中类型的判断。

图6-24 输入函数（1）

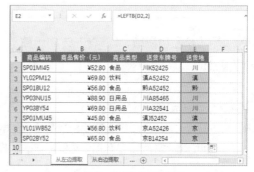

图6-25 完成左边字符提取

Step03：输入函数。如图6-26所示，在【E2】单元格中输入函数【=LEFTB(D2,2)】，通过LEFTB函数提取送货车牌号左边的2个字节。因为1个汉字占2个字节，所以这里提取2位。

Step04：复制函数。如图6-27所示，往下复制函数则完成了商品送货地的信息提取。

图6-26 输入函数（2）

图6-27 完成左边字节提取

从右边提取，RIGHT和RIGHTB函数

RIGHT函数的语法与LEFT函数语法相同，RIGHTB函数的语法与LEFTB函数语法相同，这里不再赘述语法。

下面以【字符串.xlsx】文件中的【从右边提取】表为例，讲解如何提取单元格右边的字符串，从而判断商品的所在仓库和余货量。当商品编码最后一位数为"1"时，仓库为"胜利仓"；最后一位数为"2"时，仓库为"长安仓"；最后一位数为"3"时，仓库为"大成仓"。商品的余货量为当前库存编码的最后3位数。

Step01：输入函数。如图6-28所示，在【C2】单元格中输入函数【=IF(RIGHT(A2,1)="1","胜利仓",IF(RIGHT(A2,1)="2","长安仓",IF(RIGHT(A2,1)="3","大成仓")))】，通过RIGHT函数提取商品编码右边的两个字符，再使用IF嵌套函数进行判断。

Step02：复制函数。如图6-29所示，往下复制函数则完成了商品所在仓库的判断。

图6-28 输入函数（1）　　　　　　　　　　图6-29 完成右边字符提取

Step03：输入函数。如图6-30所示，在【E2】单元格中输入函数【=GIRHTB(D2,3)】，通过GIRHTB函数提取当前库存编码右边的3个字节。因为1个英文或数字占1个字节，所以这里提取3位。

Step04：复制函数。如图6-31所示，往下复制函数则完成了商品余货量数据的提取。

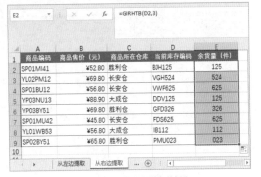

图6-30 输入函数（2）　　　　　　　　　　图6-31 完成右边字节提取

从中间提取，MID和MIDB函数

语法规则

函数语法：=MID(text,start_num,num_chars)。

参数说明如下。

☆ text（必选）：包含需要提取字符串的文本、字符串，或是对含有提取字符串单元格的引用。

☆ start_num（必选）：需要提取的第一个字符的位置。

☆ num_chars（必选）：需要从第一个字符位置开始提取字符的个数。

语法规则

函数语法：=MIDB(text,start_num,num_bytes)。

参数说明如下。

☆ text（必选）：从中提取字符的文本字符串或包含文本的列，该参数可以是文本、数字、单元格引用以及数组。

☆ start_num（必选）：表示要提取的第一个字符的位置，位置从1开始。

☆ num_bytes（必选）：表示要从第一个字符位置开始提取字符的个数，按字节计算。

下面以【字符串.xlsx】文件中的【从中间提取】表为例，讲解如何提取单元格中间的字符串，从而统计出客户的生日及所在城市。

📢 Step01：输入函数。如图6-32所示，在【C2】单元格中输入函数【=MID(B2,11,2)&"月"&MID(B2,13,2)&"日"】，函数表示从身份证号码的第11位字符开始提取，提取2位，以及从身份证号码的第13位字符开始提取，提取2位。而"&"符号表示字符串链接符号，可以将出生月份与"月"字，出生日期与"日"字相连，生成出生日期，而非一串数字。

📢 Step02：复制函数。如图6-33所示，向下复制函数，则完成所有客户的生日信息提取。

图6-32 输入函数（1）　　　　　　　　　　图6-33 完成中间字符提取

📢 Step03：输入函数。如图6-34所示，在【E2】单元格中输入函数【=MIDB(D2,7,6)】，函数表示在【D2】单元格中，从第7个字节开始提取，提取6个字节。因为1个中文占2个字节，所以省份的3个字共有6个字节，即城市从第7个字节开始，城市的3个字占6个字节。

📢 Step04：复制函数。向下复制函数则完成有客户所在地的城市名提取，如图6-35所示。

图6-34 输入函数（2）

图6-35 完成中间字节提取

6.2.2 让文本提取技术升级的两大函数

 小强

　　6大字符串提取函数好用是好用，就是有点"死板"，只能提取固定长度的字符串，一旦情况变化就束手无策了。就像今天，我需要根据项目编码最后的数字提取商品经费，可是这经费有的是"1598"有的是"5624.52"，位数不一样，如何提取？

　　还好有**LEN字符长度计算函数**，只需要用单元格中的所有字符数减去中文字符数，就可以得到数字字符数。而**LENB函数是字节计算函数**，可以用来检查身份证号码的位数是否正确。

　　下面是LEN函数的语法规则，LENB函数的语法规则与之相似，在此不再赘述。

语法规则

　　函数语法：**=LEN(text)**。

　　参数说明如下。

　　text(必选)：表示要计算长度的文本。该参数可以是文本、数字、单元格以及数组。

　　下面以【字符串长度计算函数.xlsx】文件中的【LEN】表为例，讲解如何通过LEN函数提取位数不同的数字。

Step01：输入函数。如图6-36所示，在【D2】单元格中输入函数【=RIGHT(A2,LEN(A2)-2)】。

Step02：完成经费提取。如图6-37所示，往下复制函数，完成活动经费提取。

SUMIF	▼	× ✓ ƒx	=RIGHT(A2,LEN(A2)-2)	

▲	A	B	C	D	E
1	项目编号	负责人	预计天数（天）	活动经费（元）	
2	蓝润1598	赵奇	2	=RIGHT(A2,LEN(A2)-2)	
3	红光5624.52	罗梦	1		
4	凯歌1549	张宏国	3		
5	朱雀6394.85	李兰	2		
6	罗湖9548	刘东	5		
7	宁静7152.95	张天天	4		

图6-36 输入函数

D7	▼	× ✓ ƒx	=RIGHT(A7,LEN(A7)-2)

▲	A	B	C	D
1	项目编号	负责人	预计天数（天）	活动经费（元）
2	蓝润1598	赵奇	2	1598
3	红光5624.52	罗梦	1	5624.52
4	凯歌1549	张宏国	3	1549
5	朱雀6394.85	李兰	2	6394.85
6	罗湖9548	刘东	5	9548
7	宁静7152.95	张天天	4	7152.95

图6-37 完成经费提取

下面以【字符串长度计算函数.xlsx】文件中的【LENB】表为例，讲解如何通过LENB函数计算身份证号码的位数。

Step01：输入函数。如图6-38所示，在【D2】单元格中输入函数【=LENB(B2)】。

Step02：完成身份证号码位数计算。如图6-39所示，往下复制函数，就可以看到身份证号码的位数，以判断是否输错了身份证号码。

SUMIF	▼	× ✓ ƒx	=LENB(B2)

▲	A	B	C	D
1	客户姓名	身份证号码	所在城市	身份号码位数
2	李强	510211988111142091	成都市	=LENB(B2)
3	赵文	312541990012111281	昆明市	
4	周梦华	421541786005034	西安市	
5	李露	254151886102945283	长治市	
6	王磊	514261984011165	武汉市	
7	罗绮丽	215421994112265486	贵阳市	
8	周姗姗	542151991112084	贵阳市	
9	张鹏	325451993004052566	保定市	

图6-38 输入函数

D9	▼	× ✓ ƒx	=LENB(B9)

▲	A	B	C	D
1	客户姓名	身份证号码	所在城市	身份证号码位数
2	李强	510211988111142091	成都市	18
3	赵文	312541990012111281	昆明市	18
4	周梦华	421541786005034	西安市	15
5	李露	254151886102945283	长治市	18
6	王磊	514261984011165	武汉市	15
7	罗绮丽	215421994112265486	贵阳市	18
8	周姗姗	542151991112084	贵阳市	15
9	张鹏	325451993004052566	保定市	18

图6-39 完成身份证号码位数计算

技能升级

在提取字符时，可以**将6个字符提取函数与LEN和LENB函数灵活结合，编辑成嵌套函数完成复杂的信息提取**。在本例中，提取活动经费可以换一种思路，函数写法为【=RIGHT(A2,LEN(A2)-(LENB(A2)-LEN(A2)))】来实现相同的效果。

6.2.3 字符提取如虎添翼，定位提取法

小 强

赵哥，我需要整理出客户信息表中的客户邮箱类型，且将冒号后面的客户姓名提取出来。邮箱字符的长度不一，冒号前面的客户公司名也不相等。有没有什么方法，让我能提取特定字符后面的内容呢？

赵 哥

小强，提取字符有一个重要的辅助函数，那就是查找定位函数。**FIND函数可以查找一个字符串第一次出现的位置；FINDB函数与FIND函数的功能相同，只不过FINDB函数用来查找一个字节第一次出现的位置。**

换句话说，你可以使用FIND函数和FINDB函数定位某字符或字节，从而提取该位置左、右的内容。

FIND函数与FINDB函数的语法结构相同，下面是FIND函数的语法。

语法规则

函数语法：=FIND(find_text,within_text,[start_num])。

参数说明如下。

☆ find_text（必选）：表示要查找的文本。

☆ within_text（必选）：表示需要查找的文本的文本字符串。

☆ start_num（可选）：文本第一次出现的起始位置。

下面以【字符查找.xlsx】表格为例，讲解如何使用FIND函数与FINDB函数进行定位后，再提取需要的内容。

Step01：提取冒号后面的字符。如图6-40所示，在【B2】单元格中输入函数【=MIDB(A2,FINDB(":",A2)+1,LEN(A2))】，该函数先用FINDB函数查找【：】号，返回的结果作为MIDB函数提取的位置，这里+1是为了从【：】右边开始提取。提取长度为LEN(A2)，表示提取【A2】单元格字符长度的内容。这里的长度设置只要超过最长的人名长度即可。

	A	B	C	D	E
SUMIF		× ✓ fx	=MIDB(A2,FINDB("：",A2)+1,LEN(A2))		
1	客户信息	客户姓名	客户年龄（岁）	邮箱	邮箱类型
2	建安有限公司：张梅	=MIDB(A2,FINDB("：",A2)+1,LEN(A2))			
3	宏达世纪有限公司：赵奇		26	152456524@qq.com	
4	梦连科技有限公司：王国宏		24	wghong@163.com	
5	北大出版社：张梦		26	zhangmeng@msn.com	
6	妮妮婚庆：周文		35	zhouwen@yahoo.com	
7	腾飞装潢有限公司：周华		24	zhouhua713@sina.com	
8	今目标科技有限公司：张晔		38	zhangye@sohu.com	

图6-40　提取冒号后面的字符

Step02：提取"@"后面的字符。如图6-41所示，在【E2】单元格中输入函数【=MID(D2,FIND("@",D2)+1,20)】，函数中的20表示提取长度，因为最长的邮箱后缀为5个字符，故长度可以设置为大于5的任意数字。

	A	B	C	D	E
SUMIF		× ✓ fx	=MID(D2,FIND("@",D2)+1,20)		
1	客户信息	客户姓名	客户年龄（岁）	邮箱	邮箱类型
2	建安有限公司：张梅	张梅	44	zhangmei@sina.com	=MID(D2,FIND("@",D2)+1,20)
3	宏达世纪有限公司：赵奇		26	152456524@qq.com	
4	梦连科技有限公司：王国宏		24	wghong@163.com	
5	北大出版社：张梦		26	zhangmeng@msn.com	
6	妮妮婚庆：周文		35	zhouwen@yahoo.com	
7	腾飞装潢有限公司：周华		24	zhouhua713@sina.com	
8	今目标科技有限公司：张晔		38	zhangye@sohu.com	

图6-41　提取"@"后面的字符

Step03：完成内容提取。往下复制函数，即可完成所有客户姓名和邮箱后缀的提取，结果如图6-42所示。

	A	B	C	D	E
E4		× ✓ fx	=MID(D4,FIND("@",D4)+1,20)		
1	客户信息	客户姓名	客户年龄（岁）	邮箱	邮箱类型
2	建安有限公司：张梅	张梅	44	zhangmei@sina.com	sina.com
3	宏达世纪有限公司：赵奇	赵奇	26	152456524@qq.com	qq.com
4	梦连科技有限公司：王国宏	王国宏	24	wghong@163.com	163.com
5	北大出版社：张梦	张梦	26	zhangmeng@msn.com	msn.com
6	妮妮婚庆：周文	周文	35	zhouwen@yahoo.com	yahoo.com
7	腾飞装潢有限公司：周华	周华	24	zhouhua713@sina.com	sina.com
8	今目标科技有限公司：张晔	张晔	38	zhangye@sohu.com	sohu.com

图6-42　完成内容提取

6.3 文本查找与替换，让工作难题不再难

张 总

小强，你处理表格得细心一点，不同部门提交的报表可能存在格式不统一、内容太多太杂等情况。这些表格可能需要你对其内容进行整理后替换。

小 强

张总，这种表格我之前就遇到过了，所以留心学习了一下查找与替换文本的函数，即使数据量再大，我也可以快速完成任务。

6.3.1 根据文本判断商品类型

小 强

将FIND查找函数与其他简单的函数嵌套使用，就可以满足更复杂的需求。例如，我要根据商品编码进行商品分类，编码为"A"是"食品"，编码为"B"是"饮品"。那么我只需要在单元格中查找是否出现"A"字母，如果是则返回"1"，不是则返回"#VALUE!"。再用ISNUMBER函数判断返回结果是否为数字，最后用IF函数根据ISNUMBER函数的判断结果就能完成商品类型判断。

下面以【商品类型判断.xlsx】表为例，讲解IF函数、ISNUBMER函数、FIND函数的嵌套使用。

📢 Step01：输入函数。如图6-43所示，在【B2】单元格中输入函数【=IF(ISNUMBER(FIND("A",A2)), "食品","饮品")】，该函数的判断逻辑如图6-44所示。

Step02：复制函数。往下复制函数，即可完成商品类型的判断，如图6-45所示。

	A	B	C	D
1	商品编码	商品类型	所在仓库	存货量（件）
2	A15242	=IF(ISNUMBER(FIND("A",A2)),"食品","饮品")		
3	B21565		长安仓	5245
4	A52465		大成仓	954
5	B25145		长安仓	758
6	A65245		胜利仓	954
7	A62545		长安仓	1256
8	B52465		大成仓	5245
9	B65420		胜利仓	1254
10	A65425		大成仓	2565
11	A62545		胜利仓	4524
12	B65425		大成仓	1524
13	A62545		胜利仓	654

图6-43 输入函数

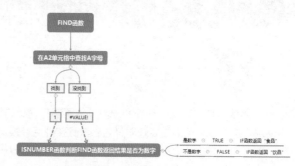

图6-44 嵌套函数判断逻辑

	A	B	C	D
1	商品编码	商品类型	所在仓库	存货量（件）
2	A15242	食品	胜利仓	1254
3	B21565	饮品	长安仓	5245
4	A52465	食品	大成仓	954
5	B25145	饮品	长安仓	758
6	A65245	食品	胜利仓	954
7	A62545	食品	长安仓	1256
8	B52465	饮品	大成仓	5245
9	B65420	食品	胜利仓	1254
10	A65425	食品	大成仓	2565
11	A62545	食品	胜利仓	4524
12	B65425	饮品	大成仓	1524
13	A62545	食品	胜利仓	654

图6-45 完成商品类型判断

6.3.2 快速比较单元格中的内容是否相同

小 强

文本函数真好玩，一个简单函数就可以解决一个大难题。张总让我核对订单编号是否相同，正当我发愁的时候，突然发现了**EXACT函数**，这个函数用于比较两个字符串是否完全相同，如果**完全相同则返回TRUE**；如果不同则返回**FALSE**。我如获至宝，赶快用起来，海量订单核对就在一瞬间。

语法规则

函数语法：=EXACT(text1,text2)。

参数说明如下。

☆ text1（必选）：表示需要比较的第一个文本字符串。使用函数时，该参数可以直接输入字符串，也可以指定单元格。

☆ text2（必选）：表示需要比较的第二个文本字符串。使用函数时，该参数可以直接输入字符串，也可以指定单元格。

下面以【文本比较.xlsx】为例，讲解如何用EXACT函数来核对店铺人工统计的订单号和软件导出的订单号是否相同。

Step01：输入函数。如图6-46所示，在【C2】单元格中输入【=IF(EXACT(A2,B2),"相同","不相同")】，该函数表示，如果EXACT函数返回的结果是TRUE，则IF函数返回“相同”，否则返回“不相同”。

SUMIF　=IF(EXACT(A2,B2),"相同","不相同")

	A	B	C
1	店铺提供的订单编号	销售软件导出的订单编号	订单号是否相同
2	BC5245654	BC5245654	=IF(EXACT(A2,B2),"相同","不相同")
3	OM1542156	OM1542156	
4	FD5246524	FD5246524	
5	YM4521654	YM4521654	
6	OQ51425465	OO51425465	
7	YB52142656	YB52142656	
8	PO4251654	PO4251554	
9	TB5245265	TB5245265	
10	MU51425665	MU51425665	
11	MO4521456	MO4521456	
12	PM45245212	PM45245212	

图6-46　输入函数

Step02：复制函数。往下复制函数，完成所有订单数据的核对，结果如图6-47所示。

C8　=IF(EXACT(A8,B8),"相同","不相同")

	A	B	C
1	店铺提供的订单编号	销售软件导出的订单编号	订单号是否相同
2	BC5245654	BC5245654	相同
3	OM1542156	OM1542156	相同
4	FD5246524	FD5246524	相同
5	YM4521654	YM4521654	相同
6	OQ51425465	OO51425465	不相同
7	YB52142656	YB52142656	相同
8	PO4251654	PO4251554	不相同
9	TB5245265	TB5245265	相同
10	MU51425665	MU51425665	相同
11	MO4521456	MO4521456	相同
12	PM45245212	PM45245212	相同

图6-47　完成订单号核对

6.3.3 批量替换指定位置的内容

小 强

赵哥，我发现文本函数都是"成双成对"的，有针对字符的函数就有针对字节的函数。我现在需要替换销售表中的内容，那是不是也有替换字符和字节的函数呢？

赵 哥

小强，你很会举一反三嘛。文本替换函数也有两个，**REPLACE函数可以使用其他文本字符串并根据所指定的位置替换某文本字符串中的部分文本，而REPLACEB函数则以字节为单位进行替换。**

REPLACE函数与REPACEB函数的语法相似，下面是REPLACE函数的语法。

语法规则

函数语法：**=REPLACE(old_text,start_num,num_chars,new_text)**。

参数说明如下。

☆ old_text（必选）：表示要替换其部分字符的文本。

☆ start_num（必选）：需要替换字符的位置。

☆ num_chars（必选）：需要替换字符的个数。

☆ new_text（必选）：需要替换字符的文本。

下面以【文本替换.xlsx】为例，讲解如何将订单表中的客户名字的第二个字换成"X"，再将电话号码的后面三位换成"*"号，以起到保护客户隐私的作用。

📢 Step01：输入函数。如图6-48所示，在【C2】单元格中输入函数【=REPLACE(B2,2,1,"X")】，函数表示在B2单元格中，从第2个字符开始替换，将1个字符替换成"X"。

📢 Step02：完成人名替换。往下复制函数，完成所有人名的隐私处理，效果如图6-49所示。

图6-48 输入函数	图6-49 完成人名替换

📢 Step03：输入函数。如图6-50所示，在【E2】单元格中输入函数【=REPLACEB(D2,9,3,"***")】，函数表示在D2单元格中，从第9个字节开始替换，将3个字节替换成"***"。因为1个数字占1个字节，所以这里使用了REPLACEB函数。

📢 Step04：完成电话号码替换。往下复制函数，完成所有电话号码的隐私处理，效果如图6-51所示。

图6-50 输入函数	图6-51 完成电话号码替换

温馨提示

使用REPLACE函数时，参数start_num或num_chars必须是大于0的数字，否则函数将返回错误值【#VALUE!】。

6.3.4 高含金量函数，模糊查找不确定的内容

小强

FIND函数可以查找确定的内容，可是这并不能解决所有的查找问题。就拿我今天的任务来说吧，我需要根据"牛奶商品/上海/重点商品"这样的信息判断商品是否为"上海重点"商品。我要查找的内容是包含"上海"和"重点"的内容，而其他内容不确定。同时还要提取物流单号，可是单号前面的快递公司名也是不确定的。

我的这个任务要用**SEARCH和SEARCHB查找函数**，这两个函数与FIND和FINDB函数的区别是，它们**可以使用通配符进行模糊查找**。其中**"*"代表任意数量的任意字符，"?"代表单个字节**。

SEARCH函数和SEARCHB函数的语法相似，下面是SEARCH函数的语法。

语法规则

函数语法：=SEARCH(find_text,within_text,[start_num])。

参数说明如下。

☆ find_text（必选）：要查找的文本。

☆ within_text（必选）：要在其中搜索参数的值的文本。

☆ start_num（可选）：参数中从开始搜索的字符编号。

下面以【模糊查找.xlsx】表格为例，讲解如何使用模糊查找。

Step01： 模糊查找内容。如图6-52所示，在【B2】单元格输入函数【=IF(COUNT(1/SEARCH("*上海*重点*",A2)),"是","否")】，函数表示在A2单元格中模糊查找带有"上海"和"重点"字符的内容，如果找到了，就返回1，COUNT函数1/1=1，从而返回"是"；反之则返回"否"。然后复制函数完成判断。

B2		× ✓ fx	=IF(COUNT(1/SEARCH("*上海*重点*",A2)),"是","否")	
	A	B	C	D
1	商品信息	是否为上海重点商品	物流信息	物流单号
2	牛奶商品/上海/重点商品	是	圆通12446587485	
3	办公用品/上海/非重点商品	是	申通52426545566	
4	橙汁商品/北京/重点商品	否	韵达52458265565	
5	笔记本商品/上海/重点商品	是	天天快递52452655658	
6	订书机商品/上海/非重点商品	是	百世汇通52475654526	
7	书籍商品/上海/重点商品	是	飞康达95452655656	
8	书籍商品/北京/重点商品	否	百世汇通85412654526	
9	办公用品/广州/重点商品	否	圆通36446587485	
10	办公用品/成都/非重点商品	否	申通15426545566	
11	订书机/上海/重点商品	是	韵达32526545567	

图6-52 模糊查找内容

Step02：模糊查找提取内容。如图6-53所示，在【D2】单元格输入函数【=MIDB(C2,SEARCHB("?",C2),LEN(C2))】，函数表示从【C2】单元格中第一个单字节内容开始提取。然后复制函数完成所有物流单号的提取。

	A	B	C	D
1	商品信息	是否为上海重点商品	物流信息	物流单号
2	牛奶商品/上海/重点商品	是	圆通12446587485	12446587485
3	办公用品/上海/非重点商品	是	申通52426545566	52426545566
4	橙汁商品/北京/重点商品	否	韵达52458265565	52458265565
5	笔记本商品/上海/重点商品	是	天天快递52452655658	52452655658
6	订书机商品/上海/非重点商品	是	百世汇通52475654526	52475654526
7	书籍商品/上海/重点商品	是	飞康达95452655656	95452655656
8	书籍商品/北京/重点商品	否	百世汇通85412654526	85412654526
9	办公用品/广州/重点商品	否	圆通36446587485	36446587485
10	办公用品/成都/非重点商品	否	申通15426545566	15426545566
11	订书机/上海/重点商品	是	韵达32526545567	32526545567

fx 编辑栏：=MIDB(C2,SEARCHB("?",C2),LEN(C2))

图6-53　模糊查找提取内容

6.3.5　替换位置不确定的固定内容

小强

　　SUBSTITUTE函数用来替换指定的文本。刚开始我很疑惑，这不就和Excel的【查找和替换】功能相同吗？直到我需要在表格中计算带单位的数据，统计人名数量，才发现SUBSTITUTE替换函数有它独特的作用。结合其他函数，它可以在替换字符的同时完成运算等操作。

语法规则

　　函数语法：=SUBSTITUTE(text,old_text,new_text,[instance_num])。

　　参数说明如下。

☆　text（必选）：需要替换其中字符的文本，或对含有文本（需要替换其中字符）的单元格的引用。

☆　old_text（必选）：需要替换的旧文本。

☆　new_text（必选）：用于替换的文本。

☆　instance_num（可选）：用来指定要替换第几次出现的old_text。如果指定了instance_num，则只有满足要求的old_text被替换；否则，会将text中出现的每一处old_text都更改为new_text。

下面以【替换确定的内容.xlsx】表格为例，讲解如何巧用SUBSTITUTE函数在替换内容的同时进行运算。

Step01: 输入函数。如图6-54所示，B列和C列的数据均带有单位，常规情况下无法进行运算，可以将单位取消后再进行运算。在【D2】单元格中输入【=SUBSTITUTE(B2,"元","")*SUBSTITUTE(C2,"件","")&"元"】，函数表示将"元"和"件"消除，然后让数据相乘，最后再加上"元"这个字符。

Step02: 完成带单位的销售额计算。往下复制函数，便完成了带单位的数据统计，结果如图6-55所示。

图6-54 输入函数

图6-55 完成带单位的销售额计算

Step03: 输入函数。现在需要根据E列的客户姓名数量来计算回头客数量。如图6-56所示，在【F2】单元格中输入函数【=LEN(E2)-LEN(SUBSTITUTE(E2,"、",""))+1】。函数表示，先用SUBSTITUTE函数将姓名之间的"、"号删除后，然后用LEN统计"、"号删除后的字符串长度。再用【E2】单元格字符串长度减去删除"、"号的字符串长度+1，就可以统计有多少个客户姓名了，即回头客数量。

Step04: 完成带回头客数量统计。往下复制函数，便完成了回头客人数的统计，结果如图6-57所示。

图6-56 输入函数

图6-57 完成回头客人数统计

温馨提示

SUBSTITUTE函数与REPALCE函数的区别是：如果需要在某一文本字符串中替换指定的文本，使用SUBSTITUTE函数；如果需要在某一文本字符串中替换指定位置处的任意文本，则使用REPLACE函数。

6.4 文本合并与删除，轻松变换表格形式

小 强

张总，不好意思，昨天您让我处理的表今天还需要再处理一下。其实数据我早就统计完了，只是表中有点格式问题，我多耽误了一下，将该合并的数据合并了，将不需要的字符、空格等删除了。

张 总

小强，虽然这次任务完成得比较慢，但是值得表扬，你多做了一步工作，而不是只完成我交待的事项。

6.4.1 快速合并文本生成新的内容

小 强

在整理表格时，常常需要将多个单元格的内容合并到一起，除了使用 "&" 符号来连接单元格的文本外，还可以使用两个文本合并函数，更便捷地进行文本合并。

CONCATENATE函数和PHONETIC函数都可以用来合并单元格中的内容。只不过 **CONCATENATE函数适用于较小数量的单元格，且能在合并内容时添加其他内容；PHONETIC函数适用于合并数量在3个及以上的单元格内容。**

语法规则

函数语法：=CONCATENATE(text1,text2...)。

参数说明如下。

text1、text2...（必选）：表示要合并的第一个、第二个文本项、数字或单元格引用。

语法规则

函数语法：=PHONETIC(reference)。

参数说明如下。

reference（必选）：需要合并的文本字符串或对单个单元格或包含 furigana（日文振假名）文本字符串的单元格区域的引用。

下面以【合并文本.xlsx】表为例，讲解如何合并单元格内容生成新的文本。

Step01： 输入函数。如图6-58所示，在【B2】单元格输入【=CONCATENATE(A2,"-",B2)】，表示将A2和B2单元格的文本合并起来，并且用【-】符号连接。

Step02： 以值的形式粘贴数据。为了方便F列合并商品标签，如图6-59所示，❶这里选中并复制【C2:C11】单元格区域的内容；❷选择【值】的粘贴方式。

图6-58 输入函数

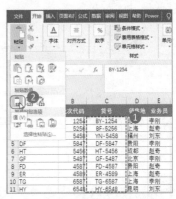

图6-59 以值的形式粘贴数据

Step03： 合并生成商品标签。如图6-60所示，在【F2】单元格中输入函数【=PHONETIC(C2:E2)】，表示将【C2:E2】单元格区域中的文本合并到一起。然后往下复制函数，完成所有商品标签文本的合并。

	A	B	C	D	E	F
1	商品类型代码	批次代码	货号	销售地	业务员	商品标签
2	BY	1254	BY-1254	北京	李刚	BY-1254北京李刚
3	BF	5256	BF-5256	上海	赵奇	BF-5256上海赵奇
4	YN	5458	YN-5458	福州	刘东	YN-5458福州刘东
5	DF	5847	DF-5847	贵阳	李刚	DF-5847贵阳李刚
6	HT	5456	HT-5456	成都	赵奇	HT-5456成都赵奇
7	GF	5487	GF-5487	北京	李刚	GF-5487北京李刚
8	FD	4587	FD-4587	贵阳	赵奇	FD-4587贵阳赵奇
9	ER	4589	ER-4589	上海	赵奇	ER-4589上海赵奇
10	TG	6587	TG-6587	上海	李刚	TG-6587上海李刚
11	HY	6548	HY-6548	昆明	刘东	HY-6548昆明刘东

图6-60 合并生成商品标签

 6.4.2 一键删除无法打印的字符

 小 强

从其他软件复制并粘贴到Excel中的数据，总是有很多格式上的问题，最常见的问题就是**字符打印不出来。但是只要有CLEAN删除函数就不怕了**。CLEAN函数的语法特别简单，只要输入函数，再引用需要删除字符的单元格即可。

下面以【删除无法打印字符.xlsx】表为例，讲解如何清除无法打印的字符。

📢 Step01：输入函数。如图6-61所示，在【B2】单元格中输入函数【=CLEAN(A2)】。

	A	B	C	D
1	商品名称	商品名称整理	售价（元）	销量（件）
2	微微洗面奶▯	=CLEAN(A2)	125	125
3	▯▯妙子清洁水▯▯▯		95	954
4	▯▯多芬沐浴露500ML▯▯		68	45
5	▯▯秒润手工香皂▯▯		58	65
6	▯▯玫瑰芳香睡眠精油▯▯		218	452
7	罗曼蒂克睡衣▯▯▯		198	125
8	▯▯沙拉美容按摩仪▯▯▯		368	415

图6-61　输入函数

📢 Step02：完成字符删除。往下复制函数，完成无法打印字符删除，结果如图6-62所示。

	A	B	C	D
1	商品名称	商品名称整理	售价（元）	销量（件）
2	微微洗面奶▯	微微洗面奶	125	125
3	▯▯妙子清洁水▯▯▯	妙子清洁水	95	954
4	▯▯多芬沐浴露500ML▯▯	多芬沐浴露500ML	68	45
5	▯▯秒润手工香皂▯▯	秒润手工香皂	58	65
6	▯▯玫瑰芳香睡眠精油▯▯	玫瑰芳香睡眠精油	218	452
7	罗曼蒂克睡衣▯▯▯	罗曼蒂克睡衣	198	125
8	▯▯沙拉美容按摩仪▯▯▯	沙拉美容按摩仪	368	415

图6-62　完成无法打印字符删除

6.4.3 一键删除讨厌的空格

　　CLEAN函数有个"兄弟"，那就是TRIM函数。**TRIM函数用于删除文本之间的单个空格，以及从其他应用程序中提取文本到Excel中后消除不规则的空格。**TRIM函数的语法也很简单，参数只有1个，即需要删除空格的文本或单元格地址。

　　下面以【删除空格.xlsx】表为例，讲解如何使用TRIM函数删除空格。

Step01：输入函数。如图6-63所示，在【B2】单元格中输入函数【=TRIM(A2)】。

	A	B	C	D
1	商品名称	商品名称整理	售价（元）	销量（件）
2	微微　　洗面奶	=TRIM(A2)	125	125
3	妙子　清洁水		95	954
4	多芬 沐浴露 500ML		68	45
5	秒润　手工　香皂		58	65
6	玫瑰　　芳香睡眠精油		218	452
7	罗曼蒂克　　睡衣		198	125
8	沙拉美容　　按摩仪		368	415

图6-63　输入函数

Step02：完成空格删除。往下复制函数，完成空格删除，效果如图6-64所示。

	A	B	C	D
1	商品名称	商品名称整理	售价（元）	销量（件）
2	微微　　洗面奶	微微 洗面奶	125	125
3	妙子 清洁水	妙子 清洁水	95	954
4	多芬 沐浴露 500ML	多芬沐浴露500ML	68	45
5	秒润　手工　香皂	秒润 手工 香皂	58	65
6	玫瑰　　芳香睡眠精油	玫瑰 芳香睡眠精油	218	452
7	罗曼蒂克　　睡衣	罗曼蒂克 睡衣	198	125
8	沙拉美容　　按摩仪	沙拉美容 按摩仪	368	415

图6-64　完成空格删除

高手指引 EXCEL函数与公式应用大全　案例视频教程（全彩版）

CHAPTER 7

日期与时间函数，严谨的表格就要分秒不差

说来惭愧，我一开始在统计与日期和时间相关的数据时，直接对日期时间数据相加减，或用SUM、AVERAGE等函数进行运算，结果当然是不能计算出正确的数据。

后来我才知道，在Excel中，日期与时间数据是特殊的一类数据，这类数据与"45""69.25"等数值型数据不同。日期时间数据不能直接进行公式函数运算，而是要根据一定的法则来计算。

小 强

在Excel中，不了解日期与时间数据的基本规则，就无法进行下一步的运算。

Excel的日期取值区间为1900年1月1日到9999年12月31日，一个日期对应一个数字，数字1代表1900年1月1日，数字2代表1900年1月2日，以此类推。

在Excel中输入时间数据，以半角冒号【:】作为分隔符，如"22:08:19"。

日期和时间数据不仅可以进行加减运算，还可以使用专门的函数计算出各种需要的结果。这就是为什么不会日期时间函数，面对日期时间型数据就会束手无策的原因所在。

赵 哥

7.1 三大必会的日期时间函数

小 强

赵哥，张总最近交给我的表涉及日期和时间数据，我无法统计出正确结果。我知道我的问题出在哪儿，这类数据有专门的函数计算。你快教我几个既简单又好用的日期时间函数，让我应对一下这几天的任务。

赵哥

　　小强，计算日期和时间数据，只要用对了函数，问题就会很容易解决。我先教你3个既简单又强大的日期时间函数：**用NOW函数计算当前日期和时间、用TODAY函数计算今天的日期、用DATEDIF函数计算两个日期间的差值**。这3个函数能解决最基本的日期时间运算。

 使用NOW函数制作记录表

小强

　　不用不知道，一用停不了。NOW函数既简单又实用，只要**在单元格输入【=NOW()】就可以快速返回当前日期和时间**。根据这一运算规则，在制作访客记录表、进货记录表等文件时就可以用NOW函数快速填写日期和时间了。

　　下面以【货物记录表.xlsx】为例，讲解如何使用NOW函数在记录表中快速填写货物的入库时间。

Step01：输入函数。如图7-1所示，在【D2】单元格中输入函数【=NOW()】，按【Enter】键即可显示当前的日期和时间。

Step02：打开【设置单元格格式】对话框。如图7-2所示，❶选中D列，❷单击【开始】选项卡下的【数字】组中的对话框启动器按钮。

	A	B	C	D
1	货物	数量（箱）	负责人	进库时间
2	宝宝沐浴露	125	张华	=NOW()
3	健齿白牙膏	65	赵林	
4	玫瑰芳香手工香皂	74	王蕊露	
5	印度瑜伽精油	56	刘梦华	
6	淡斑美白精华	95	李宏	
7	去角质沐浴露	625	王磊	
8	米提睡眠面膜	125	周文香	

图7-1　输入函数

图7-2　打开【设置单元格格式】对话框

📢Step03：设置日期和时间格式。如图7-3所示，❶选择【自定义】选项，❷在【类型】文本框中输入日期、时间和类型【yyyy"年"m"月"d"日"上午/下午h"时"mm"分"】（这里也可以根据自己的需要，选择其他的日期和时间显示方式），❸单击【确定】按钮。

📢Step04：查看日期和时间效果。回到表格中，就可以看到日期和时间数据按照自定义设置的那样显示，如图7-4所示。当其他货物入库时，直接在D列其他单元格中输入函数【=NOW()】就可以快速填写当前日期和时间并按设置显示了。

图7-3 设置日期和时间格式

	A	B	C	D
1	货物	数量（箱）	负责人	进库时间
2	宝宝沐浴露	125	张华	2019年3月21日 上午9时34分
3	健齿白牙膏	65	赵林	
4	玫瑰芳香手工香皂	74	王嘉丽	
5	印度瑜伽精油	56	刘梦华	
6	淡斑美白精华	95	李宏	
7	去角质沐浴露	625	王磊	
8	米提睡眠面膜	125	周文香	

D2 =NOW()

图7-4 查看日期和时间效果

温馨提示

　　用NOW函数返回当前日期和时间后，**换个时间打开Excel表格，NOW函数的结果并不会改变**，除非工作表运行含有该函数的宏时才会持续更新日期和时间。

　　NOW函数返回的是Windows系统设置中已经设置好的时间，所以在**使用NOW函数时，要确保系统的日期和时间设置无误**。

7.1.2 使用TODAY函数制作项目倒计时

赵哥

　　NOW函数有一个"姐妹"，那就是TODAY函数，只不过**TODAY只返回当前的日期，而不返回具体时间**。TODAY函数的语法与NOW函数相似，**只需要输入【=TODAY()】就可以在单元格中返回当前日期**。利用这个规则，可以使用该函数制作倒计时表、计算不同事项距离今天的天数。

下面以【项目倒计时.xlsx】表为例，讲解如何用TODAY函数返回当前日期及计算日期间隔。

Step01：计算当前日期。如图7-5所示，在【B1】单元格中输入函数【=TODAY()】。按【Enter】键即可返回当前日期，结果如图7-6所示。

图7-5　计算当前日期　　　　　　　　　　　　图7-6　查看当前日期

Step02：计算倒计时。如图7-7所示，在【D3】单元格中输入函数【=IF(C3-TODAY()>=0,TEXT(C3-TODAY(),"倒计时0天;;"),"已超时")】。函数表示，如果【C3】单元格的日期减去当前日期大于0，则显示具体倒计时，否则显示"已超时"。其中，TEXT函数用来将日期数据转换成具体的天数。

Step03：复制函数。往下拖动复制函数，便完成所有项目的倒计时计算，结果如图7-8所示。

图7-7　计算倒计时　　　　　　　　　　　　图7-8　查看项目倒计时

7.1.3　统计日期间隔，就用DATEDIF函数

　张总

　　小强，我需要你快速统计一下公司几个重点项目的耗时周期，将周期分别用年、月、日的方式表示，方便我分析项目情况。此外，再统计一下公司员工的年龄。

小强

张总，您这两个任务都是**计算日期间隔的。**我记得赵哥说过，**计算日期间隔多少年、多少月、多少天，就用DATEDIF函数。**您稍等，我完成统计后就将表格提交给您。

语法规则

函数语法：= DAYDIF(start_date,end_date,[unit])。

参数说明如下。

☆　start_date（必选）：时间段内的第一个日期或开始日期。

☆　end_date（必选）：时间段内的最后一个日期或结束日期。

☆　unit（可选）：所需信息的返回类型，具体参数用法如表7-1所示。

表7-1　unit参数作用

unit参数	函数返回结果	unit参数	函数返回结果
Y	返回日期间隔整年数	MD	返回日期间隔天数差，不计算年和月
M	返回日期间隔整月数	YM	返回日期间隔月数差，不计算年和日
D	返回日期间隔天数	YD	返回日期间隔天数差，不计算年

1 计算间隔年、月、天

下面以【DATEDIF函数.xlsx】文件中的【周期计算】表为例，讲解如何计算两个日期间的间隔。

📢 Step01：计算间隔年数。如图7-9所示，在【D2】单元格中输入函数【=DATEDIF(B2,C2,"Y")】，计算项目的间隔年数。

📢 Step02：计算间隔月数。如图7-10所示，在【E2】单元格中输入函数【=DATEDIF(B2,C2,"M")】，计算项目的间隔月数。

图7-9　计算间隔年数　　　　　　　图7-10　计算间隔月数

Step03：计算间隔天数。如图7-11所示，在【F2】单元格中输入函数【=DATEDIF(B2,C2,"D")】，计算项目的间隔天数。

Step04：复制函数。选中【D2:F2】单元格区域，往下拖动鼠标复制函数，就完成了所有项目的间隔年数、月数、天数统计，结果如图7-12所示。

SUMIF　=DATEDIF(B2,C2,"D")

	A	B	C	D	E	F
1	项目名称	开始时间	结束时间	用时多少年	用时多少月	用时多少天
2	项目A	2018/5/5	2019/6/9	1	=DATEDIF(B2,C2,"D")	
3	项目B	2018/12/1	2019/1/4			
4	项目C	2019/1/1	2019/6/5			
5	项目D	2019/1/3	2019/3/5			
6	项目E	2017/2/1	2019/6/5			
7	项目F	2019/3/1	2019/8/5			
8	项目G	2019/3/6	2019/9/5			

图7-11　计算间隔天数

	A	B	C	D	E	F
1	项目名称	开始时间	结束时间	用时多少年	用时多少月	用时多少天
2	项目A	2018/5/5	2019/6/9	1	13	400
3	项目B	2018/12/1	2019/1/4	0	1	34
4	项目C	2019/1/1	2019/6/5	0	5	155
5	项目D	2019/1/3	2019/3/5	0	2	61
6	项目E	2017/2/1	2019/6/5	2	28	854
7	项目F	2019/3/1	2019/8/5	0	5	157
8	项目G	2019/3/6	2019/9/5	0	5	183

图7-12　查看间隔数据统计

2 根据身份证计算年龄

下面以【DATEDIF函数.xlsx】文件中的【年龄计算】表为例，讲解如何根据身份证号码计算年龄。

Step01：计算年龄。如图7-13所示，在【D2】单元格输入函数【=DATEDIF(TEXT(MID(B2,7,8),"0-00-00"),TODAY(),"y")】，表示用MID和TEXT函数从身份证号码中提取出生年月日；再使用DATEDIF函数计算出生日期到当前日期的间隔。

Step02：复制函数。往下复制函数，完成所有员工的年龄统计，结果如图7-14所示。

SUMIF　=DATEDIF(TEXT(MID(B2,7,8),"0-00-00"),TODAY(),"y")

	A	B	C	D
1	员工姓名	身份证号码	职位	年龄（岁）
2	张英	33071919880=DATEDIF(TEXT(MID(B2,7,8),"0-00-00"),TODAY(),		
3	李爱华	33070219710"y")		
4	赵奇	330721198610040515	经理	
5	罗梦	330722199501292110	组员	
6	李东	33022119970222791X	组长	
7	吴晓	330725198303092117	经理	
8	陈学东	330724197107216619	组员	
9	赵董莱	330724197812150715	组长	
10	王林	33072419901219431X	组员	

图7-13　计算年龄

D5　=DATEDIF(TEXT(MID(B5,7,8),"0-00-00"),TODAY(),"y")

	A	B	C	D
1	员工姓名	身份证号码	职位	年龄（岁）
2	张英	330719198804253000	组员	30
3	李爱华	330702197108020812	组长	47
4	赵奇	330721198610040515	经理	32
5	罗梦	330722199501292110	组员	24
6	李东	33022119970222791X	组长	22
7	吴晓	330725198303092117	经理	36
8	陈学东	330724197107216619	组员	47
9	赵董莱	330724197812150715	组长	40
10	王林	33072419901219431X	组员	28

图7-14　完成年龄统计

温馨提示

DATEDIF函数是Excel隐藏函数，【插入公式】对话框中没有这个函数，也不能在输入函数时出现函数提示，只能手动完整输入。

7.2　年/月统计，时间跨度再大也不出错

　　小强，你要记住，数据只有与时间相关联才具有意义。你在统计数据时，不仅要统计出数据的大小，还要注意数据产生的时间。

小强

　　张总，我明白了。就像您今天交给我的销售统计表，要根据不同的销售时段进行数据统计，毕竟去年的销售数据不等于今年的销售数据。项目统计更需要精确到时间，这样才能把控好项目进度。

赵哥

　　小强，你的思路没问题。可是你知道实现的方法吗？**用YEAR函数可以提取日期中的年份、用MONTH函数可以提取日期中的月份。**如果要统计项目开始时间、耗时天数，就需要你根据情况灵活编辑嵌套函数。

 准确统计年/月的销售额　　

7.2.1

小强

　　YEAR函数用于返回日期的年份值，取值范围是介于1900~9999之间的数字；MONTH函数用于返回指定日期中的月份值，取值范围是介于1~12之间的数字。这两个函数的语法都很简单，分别为=YEAR(serial_number)、=MONTH(serial_number)，其中serial_number是日期值。

　　表面上看，这两个函数只能根据给定日期返回年份和月份数据。事实上，结合其他的函数，就可以计算出年份、月份间隔的数据。

下面以【销量额统计.xlsx】表为例，讲解如何使用YEAR函数与MONTH函数统计年份和月份销售额。

📢≣Step01：统计年份销量。如图7-15所示，在【F2】单元格中输入函数【=SUMPRODUCT((YEAR(B2:B14)=2018)*C2:C14)】。该函数表示，先用YEAR函数返回B列的年份数据，当年份数据等于2018时，结果为TRUE，即为1，再用1乘以C列对应的销量数据。

📢≣Step02：统计年份和月份销量。如图7-16所示，在【F3】单元格中输入函数【=SUMPRODUCT((YEAR(B2:B14)=2019)*(MONTH(B2:B14)<4)*C2:C14)】。在该函数中，YEAR函数返回的值为2019时，结果为1，MONTH函数返回的值小于4时，结果为1。只有两个结果同时为1时，1*1=1，再用1乘以C列对应的销量值。

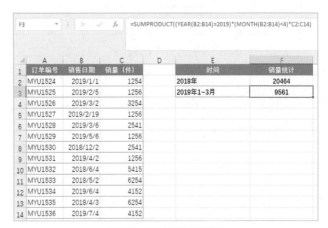

图7-15　统计年份销量

图7-16　统计年份与月份销量

 7.2.2 精确计算项目耗时占全年的百分比

 赵哥

与年份相关的函数除了YEAR函数，还有**YEARFRAC函数**。这个函数**可以返回起始日期和结束日期之间的天数占全年天数的百分比**，用来分析事项周期占全年时间的比例再合适不过了。

语法规则

函数语法：= YEARFRAC(start_date, end_date, [basis])。

参数说明如下。

☆ start_date（必选）：一个代表开始日期的日期。

☆ end_date（必选）：一个代表终止日期的日期。

☆ basis（可选）：要使用的日计数基准类型。该参数的取值及作用如表7-2所示。

表7-2 YEARFRAC函数的basis参数类型

basis参数	日计数基准	basis参数	日计数基准
0或省略	返US（NASD）30/360	3	实际/365
1	实际/实际	4	欧洲30/360
2	实际/360		

下面以【项目周期占比.xlsx】表为例，计算项目耗时占全年天数的百分比。

Step01：计算周期占比。如图7-17所示，在【D2】单元格中输入公式【=YEARFRAC(B2,C2,3)】。

Step02：设置百分比格式。如图7-18所示，完成函数输入后，❶往下复制函数，计算出所有项目的周期占比，然后选中【D2:D9】单元格区域，❷单击【数字】组中的【百分比样式】按钮（%），将计算结果转换成百分比数据。

图7-17 计算周期占比　　　　　　　　　图7-18 设置百分比格式

Step03：设置小数位数。如图7-19所示，连续两次单击【数字】组中的【增加小数位数】按钮。此时计算结果就转换成带2位小数的百分比数据，如图7-20所示。

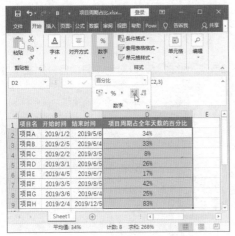

图7-19　设置小数位数

图7-20　完成计算

7.2.3　计算项目在每年的第几天开始

小强

　　为了精准把控每年计划好的项目，我在制作项目计划表时，需要注明项目在全年开始的时间，让张总对全年项目分布能够心中有数。研究了半天，让我发现了**DATE函数，这个函数用于返回特定的日期。**不过，要想用DATE函数计算项目开始的天数，还需要转一下弯，快来看我是怎么做的！

语法规则

函数语法：= DATE(year,month,day)。

参数说明如下。

☆　year（必选）：表示年的数字，该参数的值可以包含1到4位数字。

☆　month（必选）：一个正整数或负整数，表示一年中从 1 月至 12 月（一月到十二月）的各个月。

☆　day（必选）：一个正整数或负整数，表示一月中从 1 日到 31 日的各天。

　　下面以【项目开始时间计算.xlsx】表为例，讲解如何用DATE函数计算项目在每年第几天开始。

　　Step01：输入函数。如图7-21所示，在【D2】单元格中输入函数【=C2-DATE(YEAR(C2),1,0)】，该

函数表示，用DATE函数对C2单元格的日期进行转换，YEAR(C2)转换为2019年，"1"表示转换为1月，"0"表示第0天，得到的结果是2019年1月的第0天。然后再用C2单元格的日期减去2019年的第0天，就可以计算出项目开始的天数了。

Step02：复制函数。往下复制函数，结果如图7-22所示，此时就可以看到不同项目分别在年度的第几天开始。

SUMIF	▼	× ✓ fx	=C2-DATE(YEAR(C2),1,0)	
	A	B	C	D	E
1	项目	负责人	开始时间	在今年第几天开始	
2	项目A	赵林	=C2-DATE(YEAR(C2),1,0)	
3	项目B	刘东学	2019/5/4	
4	项目C	王磊	2019/3/6	
5	项目D	张蕾	2019/6/8	
6	项目E	李雨天	2019/4/8	
7	项目F	赵梦涵	2019/6/7	
8	项目G	罗梦	2019/6/7	
9	项目H	刘芸	2019/9/9	
10	项目I	王文	2019/10/1	
11	项目J	周小华	2019/11/6	

图7-21 输入函数

D7	▼	× ✓ fx	=C7-DATE(YEAR(C7),1,0)	
	A	B	C	D	E
1	项目	负责人	开始时间	在今年第几天开始	
2	项目A	赵林	2019/2/2	33
3	项目B	刘东学	2019/5/4	124
4	项目C	王磊	2019/3/6	65
5	项目D	张蕾	2019/6/8	159
6	项目E	李雨天	2019/4/8	98
7	项目F	赵梦涵	2019/6/7	158
8	项目G	罗梦	2019/6/7	158
9	项目H	刘芸	2019/9/9	252
10	项目I	王文	2019/10/1	274
11	项目J	周小华	2019/11/6	310

图7-22 完成项目开始天数计算

7.2.4 计算项目占每个月多少天

张总

小强，你昨天制作的项目计划表很好，特别是统计出了项目在每年的第几天开始，这让我省了很大事。不过这还不够，有的项目周期占了好几个月，你得统计一下每个月得花多少时间来做项目，以方便我安排人手和物资。

小强

张总，谢谢您的认可。关于项目占每月的天数我已经有了思路，只需要结合MIN和MAX函数，就可以完成统计。

下面以【项目用时.xlsx】表为例，讲解如何用嵌套函数计算每个项目在每个月的占用天数。

Step01：计算1月用时。如图7-23所示，在【E2】单元格中输入函数【=TEXT(MIN($D2+1,F$1)-MAX(E$1,$C2),"0;;")】、函数表示用【MIN($D2+1,F$1)】计算出【C2】单元格的开始时间与【E1】单元格中的最小值，然后用【MAX(E$1,$C2)】计算出E1单元格当月1日与项目开始时间的最大值，最后通过判断项目开始日期是否大于或等于下个月1日来返回当月使用天数。

	A	B	C	D	E	F	G	H	I	J	K	L	M	N	O	P
1	项目	负责人	开始时间	结束时间	2019年1月	2019年2月	2019年3月	2019年4月	2019年5月	2019年6月	2019年7月	2019年8月	2019年9月	2019年10月	2019年11月	2019年12月
2	项目A	赵林	2019/2/2	2019/3/6	=TEXT(MIN($D2+1,F$1)-MAX(E$1,$C2),"0;;")											
3	项目B	刘东学	2019/5/4	2019/8/9												
4	项目C	王磊	2019/3/6	2019/6/7												
5	项目D	张露	2019/6/8	2019/9/10												
6	项目E	李雨天	2019/4/8	2019/6/7												
7	项目F	赵梦涵	2019/6/7	2019/9/8												
8	项目G	罗梦	2019/6/7	2019/8/7												
9	项目H	刘芸	2019/9/9	2019/10/5												
10	项目I	王文	2019/10/1	2019/11/9												
11	项目J	周小华	2019/11/6	2019/12/9												

图7-23　计算1月用时

Step02：完成计算。如图7-24所示，往右及往下复制函数，调整单元格数据的格式，将其设置为【红色】【加粗】显示，从而完成项目用时表的制作。

fx　=TEXT(MIN($D6+1,K$1)-MAX(J$1,$C6),"0;;")

	A	B	C	D	E	F	G	H	I	J	K	L	M	N	O	P
1	项目	负责人	开始时间	结束时间	2019年1月	2019年2月	2019年3月	2019年4月	2019年5月	2019年6月	2019年7月	2019年8月	2019年9月	2019年10月	2019年11月	2019年12月
2	项目A	赵林	2019/2/2	2019/3/6		27	6									
3	项目B	刘东学	2019/5/4	2019/8/9					28	30	31	9				
4	项目C	王磊	2019/3/6	2019/6/7			26	30	31	7						
5	项目D	张露	2019/6/8	2019/9/10						23	31	31	10			
6	项目E	李雨天	2019/4/8	2019/6/7				23	31	7						
7	项目F	赵梦涵	2019/6/7	2019/9/8						24	31	31	8			
8	项目G	罗梦	2019/6/7	2019/8/7						24	31	7				
9	项目H	刘芸	2019/9/9	2019/10/5									22	5		
10	项目I	王文	2019/10/1	2019/11/9										31	9	
11	项目J	周小华	2019/11/6	2019/12/9											25	9

图7-24　完成所有项目用时计算

7.3　季度统计，一年四季不出错

张 总

　　小强，你之前统计的与年、月相关的数据都做得很不错，表格既有条理，又有重点。不过商品的生命周期规律不同，并不都是按照年、月单位上市销售，你还要考虑季度的问题。

张总，我明白了，对于那些季节影响销量的产品，就需要以季度为单位，统计销量、销售进度等问题。

7.3.1 统计商品在哪个季度销售

小强

赵哥，我需要统计商品安排在哪个季度销售。可是我找了半天也没找到对应的函数。

赵哥

小强，统计日期属于哪个季度，需要用到数学知识。其核心思路是，**寻找月份数字与对应季度数字的关系**。观察可以发现，**月份作为2的乘幂，返回结果的数字位数正好是季度数**。例如5月，$2^5=32$，有2位数字，所以5月在第2季度。

下面以【开始季度.xlsx】表为例，讲解如何根据时间计算所在季度。

Step01：输入函数。如图7-25所示，在【D2】单元格中输入函数【=LEN(2^MONTH(C2))】。

	A	B	C	D
1	项目	是否为重点项目	销售时间	所在季度
2	项目1	是	=LEN(2^MONTH(C2))	
3	项目2	否	2019/2/5	
4	项目3	否	2019/6/5	
5	项目4	是	2019/2/6	
6	项目5	是	2019/5/6	
7	项目6	是	2019/6/4	
8	项目7	是	2019/8/9	
9	项目8	是	2019/9/8	
10	项目9	是	2019/11/6	

图7-25 输入函数

Step02：复制函数。往下复制函数，就能计算出所有项目开始销售的季度，结果如图7-26所示。

	A	B	C	D
1	项目	是否为重点项目	销售时间	所在季度
2	项目1	是	2019/1/2	1
3	项目2	否	2019/2/5	1
4	项目3	否	2019/6/5	2
5	项目4	是	2019/2/6	1
6	项目5	是	2019/5/6	2
7	项目6	是	2019/6/4	2
8	项目7	是	2019/8/9	3
9	项目8	是	2019/9/8	3
10	项目9	是	2019/11/6	4

D8 = LEN(2^MONTH(C8))

图7-26　完成所有项目开始季度统计

7.3.2　计算项目在季度的第几天开始

小强

　　万万没想到，**解决日期相关的问题不一定要用日期函数。例如计算日期是季度的第几天，可以使用COUPDAYBS函数，该函数用来返回从付息期开始到结算日的天数。**那么通过计算日期所在季度的第一天到当前日期的间隔天数，结果再加1，正好就是所在季度的第几天。

语法规则

函数语法：=COUPDAYBS(settlement, maturity, frequency, [basis])

参数说明如下。

☆　settlement（必选）：有价证券的结算日。 有价证券结算日是在发行日之后，有价证券卖给购买者的日期。

☆　maturity（必选）：有价证券的到期日。 到期日是有价证券有效期截止时的日期。

☆　frequency（必选）：年付息次数。 如果按年支付，frequency = 1；按半年期支付，frequency = 2；按季支付，frequency = 4。

☆　basis（可选）：要使用的日计数基准类型。

下面以【季度开始时间.xlsx】表为例，根据时间计算所在季度的开始天数。

📢 Step01：输入函数。如图7-27所示，在【D2】单元格中输入函数【=COUPDAYBS(C2,"9999-1",4,1)+1】。

📢 Step02：复制函数。往下复制函数，就能计算出所有项目销售时间所在季度的开始时间，结果如图7-28所示。

	A	B	C	D
SUMIF			fx	=COUPDAYBS(C2,"9999-1",4,1)+1
1	项目	是否为重点项目	销售时间	在季度第几天开始
2	项目1	是		=COUPDAYBS(C2,"9999-1",4,1)+1
3	项目2	否	2019/2/5	
4	项目3	否	2019/6/5	
5	项目4	是	2019/2/6	
6	项目5	是	2019/5/6	
7	项目6	是	2019/6/4	
8	项目7	是	2019/8/9	
9	项目8	是	2019/9/8	
10	项目9	是	2019/11/6	

图7-27　输入函数

	A	B	C	D
D8			fx	=COUPDAYBS(C8,"9999-1",4,1)+1
1	项目	是否为重点项目	销售时间	在季度第几天开始
2	项目1	是	2019/1/2	2
3	项目2	否	2019/2/5	36
4	项目3	否	2019/6/5	66
5	项目4	是	2019/2/6	37
6	项目5	是	2019/5/6	36
7	项目6	是	2019/6/4	65
8	项目7	是	2019/8/9	40
9	项目8	是	2019/9/8	70
10	项目9	是	2019/11/6	37

图7-28　完成计算

7.4　星期和工作日统计，把一周安排妥当

赵哥

小强，对我们这种上班族来说，工作日和周末大有不同。此外商品一周七天的销售情形可能不同，项目的周期也可能要以星期为单位进行统计。所以你还需要掌握Excel中有关星期计算的函数。

小强

赵哥，我已经发现了，Excel中有的函数带有"week"这样的字母，这类函数应该与星期数有关。我查了一下资料，发现**星期函数对行政人事统计员工上班时间、计算工资很有用。销售人员也可以用来分析一周和安排商品销售。**我得赶紧学起来。

7.4.1 计算员工在星期几入职

之前我计算日期属于每年、每个季度的多少天，可花了不少心思。今天张总让我帮行政同事统计新员工的入职星期数，就简单多了。直接用WEEKDAYS函数就计算出来，该**函数可以返回日期所在的星期数**。

语法规则

函数语法：= WEEKDAY (serial_number,[return_type])。

参数说明如下。

☆ serial_number（必选）：一个序列号，代表尝试查找的那一天的日期。

☆ return_type（可选）：用于确定返回值类型的数字，具体类型见表7-3。

表7-3 WEEKDAY函数的Return_type参数类型

Return_type	返 回 数 字	Return_type	返 回 数 字
1或省略	数字 1（星期日）到 7（星期六）	13	数字 1（星期三）到数字 7（星期二）
2	数字 1（星期一）到 7（星期日）	14	数字 1（星期四）到数字 7（星期三）
3	数字 0（星期一）到 6（星期日）	15	数字 1（星期五）到数字 7（星期四）
11	数字 1（星期一）到 7（星期日）	16	数字 1（星期六）到数字 7（星期五）
12	数字 1（星期二）到 7（星期一）	17	数字 1（星期日）到 7（星期六）

下面以【员工入职统计.xlsx】表为例，讲解如何根据日期计算星期数。

Step01：输入函数。如图7-29所示，在【D2】单元格中输入函数【=WEEKDAY(C2,2)】。

Step02：完成星期统计。如图7-30所示，往下复制函数，即可判断出不同员工的入职日期是星期几。

	A	B	C	D	E
	SUMIF		× ✓ fx	=WEEKDAY(C2,2)	
1	员工编号	姓名	入职日期	星期几	
2	BY125	张强	2019/6/5	=WEEKDAY(C2,2)	
3	BY126	李华	2019/6/9		
4	BY127	赵蕾磊	2019/8/9		
5	BY128	王文	2019/9/9		
6	BY129	周梦	2019/9/15		
7	BY130	罗雨	2019/9/19		
8	BY131	李东	2019/10/5		
9	BY132	陈学华	2019/10/5		
10	BY133	周小雨	2019/11/9		
11	BY134	曾供	2019/11/16		

图7-29　输入函数

	A	B	C	D
	D7		× ✓ fx	=WEEKDAY(C7,2)
1	员工编号	姓名	入职日期	星期几
2	BY125	张强	2019/6/5	3
3	BY126	李华	2019/6/9	7
4	BY127	赵蕾磊	2019/8/9	5
5	BY128	王文	2019/9/9	1
6	BY129	周梦	2019/9/15	7
7	BY130	罗雨	2019/9/19	4
8	BY131	李东	2019/10/5	6
9	BY132	陈学华	2019/10/5	6
10	BY133	周小雨	2019/11/9	6
11	BY134	曾供	2019/11/16	6

图7-30　完成星期统计

7.4.2 制作一周七天销量趋势表

小强

　　使用WEEKDAY函数可以计算商品的销量日期是星期几，再结合SUM函数，利用数组公式，就能快速统计出销售表中不同星期数的销量了。这对统计运营网店商品尤为重要，可以在销量较高的那一天安排商品上架，从而优化商品的销量。

　　下面以【一周销量统计表.xlsx】表为例，讲解如何使用数组公式完成星期销量统计。

Step01：输入函数。如图7-31所示，在【E2】单元格中输入函数【=SUM(IF(WEEKDAY(A$2:A$32,2)=ROW(A1),B$2:B$32))】。利用WEEKDAY函数将【A2:A32】单元格区域中的日期转换成星期数，然后判断星期数是否与A1单元格的行数相同，如果是，则对B列的数据进行求和。

Step02：完成销量统计。完成函数输入后，按【Ctrl+Shift+Enter】组合键即完成统计。往下复制公式，统计出所有星期数的销量，如图7-32所示。

图7-31　输入函数

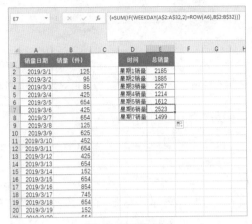

图7-32　完成销量统计

Step03： 将统计结果做成趋势图。为了分析不同星期数的销量，可将统计结果做成折线图，从趋势图中可以快速地分析出星期6的销量最高，如图7-33所示。

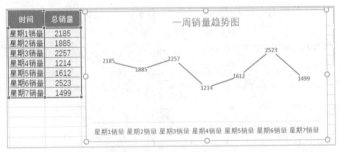

图7-33　将统计结果做成趋势图

7.4.3　计算工作日和周末有多少天

小强

　　赵哥，请教一下。除了有能统计是星期几的函数，有没有能统计是工作日还是周末的函数呀？在做项目计划表时，常常需要精确计算工作日天数，可不能只统计项目开始日期和结束日期之间的天数呀。

赵哥

小强，这样的函数当然有。**使用NETWORKDAYS函数可以返回两个日期间完整的工作日数值。**用这个函数计算实际的工作天数绝对没问题。

语法规则

函数语法：= NETWORKDAYS(start_date, end_date, [holidays])。

参数说明如下。

☆ start_date（必选）：一个代表开始日期的日期。

☆ end_date（必选）：一个代表终止日期的日期。

☆ holidays（可选）：不在工作日历中的一个或多个日期所构成的可选区域。

下面以【工作日休假日统计.xlsx】表格为例，讲解如何计算一段时间内的工作日和休假日天数。

Step01：计算工作日天数。如图7-34所示，在【D2】单元格中输入函数【=NETWORKDAYS(B2,C2,G$2:G$4)】。该函数表示，开始日期是【B2】单元格的日期，结束日期是【C2】单元格的日期，并且要减去【G2:G4】单元格区域中公司规定的放假日。

Step02：复制函数。往下复制函数，就能计算出所有项目的工作日天数，结果如图7-35所示。

图7-34 计算工作日天数

图7-35 完成所有项目工作日天数计算

📢 Step03：计算休假天数。如图7-36所示，在【E2】单元格中输入函数【=DATEDIF(B2,C2,"D")-D2】。该函数表示用DATEDIF函数计算出开始时间到结束时间之间的天数，再用总天数减去工作日天数，就等于休假天数。

	A	B	C	D	E	F	G
1	项目	开始时间	结束时间	工作日天数	休假天数		公司放假日
2	项目1	2019/1/5	2019/6/5	=DATEDIF(B2,C2,"D")-D2			2019/3/8
3	项目2	2019/2/5	2019/4/5	43			2019/4/16
4	项目3	2019/6/5	2019/8/9	48			2019/11/19
5	项目4	2019/4/6	2019/5/9	23			
6	项目5	2019/5/6	2019/9/8	90			
7	项目6	2019/6/5	2019/8/8	47			
8	项目7	2019/7/8	2019/9/7	45			
9	项目8	2019/8/9	2019/9/6	21			
10	项目9	2019/9/2	2019/10/9	28			
11	项目10	2019/9/9	2019/11/2	40			
12	项目11	2019/10/8	2019/11/7	23			

图7-36　计算休假天数

📢 Step04：复制函数。往下复制函数，就能计算出所有项目期间的休假天数，结果如图7-37所示。

E5 | =DATEDIF(B5,C5,"D")-D5

	A	B	C	D	E	F	G
1	项目	开始时间	结束时间	工作日天数	休假天数		公司放假日
2	项目1	2019/1/5	2019/6/5	106	45		2019/3/8
3	项目2	2019/2/5	2019/4/5	43	16		2019/4/16
4	项目3	2019/6/5	2019/8/9	48	17		2019/11/19
5	项目4	2019/4/6	2019/5/9	23	10		
6	项目5	2019/5/6	2019/9/8	90	35		
7	项目6	2019/6/5	2019/8/8	47	17		
8	项目7	2019/7/8	2019/9/7	45	16		
9	项目8	2019/8/9	2019/9/6	21	7		
10	项目9	2019/9/2	2019/10/9	28	9		
11	项目10	2019/9/9	2019/11/2	40	14		
12	项目11	2019/10/8	2019/11/7	23	7		

图7-37　完成所有项目休假天数计算

温馨提示

　　在本例中，**如果公司没有自行规定的休假日，所有休假日均按照国家法定节假日休息，那么函数计算工作日时，最后一个参数可不写**，即写成【=NETWORKDAYS(B2,C2)】，这样就能计算出开始日期和结束日期之间的法定工作日天数了。

7.4.4 计算员工的出勤天数

在工作时，既然需要统计工作日天数，当然也需要统计员工的出勤天数。统计员工出勤天数需要结合EOMONTH函数来计算，**EOMONTH函数用于返回某日期所在月份的最后一天**，然后再结合NETWORKDAYS函数就可以计算出该月的工作日天数了。

语法规则

函数语法：= EOMONTH(start_date, months)。

参数说明如下。

☆ start_date（必选）：一个代表开始日期的日期。

☆ months（必选）：start_date 之前或之后的月份数。months 为正值将生成未来的日期，months为负值将生成过去的日期。

下面以【出勤天数统计.xlsx】表为例，讲解如何计算当月应出勤天数。表中已经统计出了员工实际的出勤天数，也在缺席天数所在列应用了公式。

Step01：输入函数。如图7-38所示，在【C2】单元格中输入函数【=NETWORKDAYS(B2,EOMONTH(B2,0))】。其中【B2】表示开始日期，而【EOMONTH(B2,0)】表示可以返回该月最后一天的日期，这样计算出该月的工作日天数，即员工应当出勤的天数。

Step02：复制函数。往下复制函数，即可计算出所有员工的应出勤天数，此时E列也会自动完成缺席天数统计，结果如图7-39所示。

	SUMIF		× ✓ fx	=NETWORKDAYS(B2,EOMONTH(B2,0))	
	A	B	C	D	E
1	员工姓名	时间	应出勤天数	实际出勤天数	缺席天数
2	张寒	=NETWORKDAYS(B2,EOMONTH(B2,0))			-18
3	赵梦露	2019年4月		22	-22
4	王磊	2019年4月		22	-22
5	张寒	2019年5月		21	-21
6	赵梦露	2019年5月		22	-22
7	王磊	2019年5月		22	-22
8	张寒	2019年6月		16	-16
9	赵梦露	2019年6月		20	-20
10	王磊	2019年6月		18	-18

图7-38 输入函数

	C9		× ✓ fx	=NETWORKDAYS(B9,EOMONTH(B9,0))	
	A	B	C	D	E
1	员工姓名	时间	应出勤天数	实际出勤天数	缺席天数
2	张寒	2019年4月	22	18	4
3	赵梦露	2019年4月	22	22	0
4	王磊	2019年4月	22	22	0
5	张寒	2019年5月	23	21	2
6	赵梦露	2019年5月	23	22	1
7	王磊	2019年5月	23	22	1
8	张寒	2019年6月	20	16	4
9	赵梦露	2019年6月	20	20	0
10	王磊	2019年6月	20	18	2

图7-39 完成出勤天数统计

7.5 时间计算，精确到分秒很简单

张 总

小强，最近公司活动比较多，请了一些兼职人员，你需要合理安排兼职人员的工作时长，并发放兼职费用。

小 强

既然是兼职人员，那就需要按照工作多少小时、分钟来发放兼职费用。这属于时间类数据的统计。之前吃过日期数据的亏，这次我学聪明了，知道要去找专门计算时间的函数。张总，您放心，我不会再出错了。

 ### 7.5.1 计算工作用了多少小时、分、秒

小 强

日期函数有很多个，时间函数就少多了。我已经掌握了返回小时、分钟、秒钟的函数，它们分别是：**HOUR函数用于返回时间值的小时数，其返回值的范围为0(12:00A.M.) ~ 23(11:00P.M.)之间的整数；MINUTE函数用于返回时间的分钟数，其返回时间值中的分钟为一个介于 0 到 59 之间的整数；SECOND函数用于返回时间值的秒数，其返回的秒数为0到59之间的整数。**

这三个函数的语法都是相同的，以HOUR函数为例，其语法为函数语法为= HOUR(serial_number)，参数是一个时间值。

下面以【工作时长统计.xlsx】表为例，讲解如何使用HOUR、MINUTE、SECOND函数统计时间的小时、分、秒。

Step01：计算小时数。如图7-40所示，在【C2】单元格中输入函数【=HOUR(C3-B3)】。

Step02：计算分钟数。如图7-41所示，在【D2】单元格中输入函数【=MINUTE(C3-B3)】。

SUMIF	✕ ✓ fx	=HOUR(C3-B3)

	A	B	C	D	E	F
1	兼职人员姓名	开始工作时间	结束工作时间	工作时长		
2				小时	分	秒
3	赵桓	9:02:15		1=HOUR(C3-B3)		
4	李欢	8:36:24	15:43:17			
5	罗梦卢	10:19:27	13:34:02			
6	张星	7:48:06	12:08:47			
7	刘戏者	9:36:19	15:04:09			
8	王磊	10:36:19	22:08:47			
9	周文	11:36:19	20:08:47			

图7-40 计算小时数

SUMIF	✕ ✓ fx	=MINUTE(C3-B3)

	A	B	C	D	E	F
1	兼职人员姓名	开始工作时间	结束工作时间	工作时长		
2				小时	分	秒
3	赵桓	9:02:15	14:15:50	=MINUTE(C3-B3)		
4	李欢	8:36:24	15:43:17			
5	罗梦卢	10:19:27	13:34:02			
6	张星	7:48:06	12:08:47			
7	刘戏者	9:36:19	15:04:09			
8	王磊	10:36:19	22:08:47			
9	周文	11:36:19	20:08:47			

图7-41 计算分钟数

Step03：计算秒钟数。如图7-42所示，在【E2】单元格中输入函数【=SECOND(C3-B3)】。

Step04：复制函数。往下复制函数，即可计算出不同兼职人员工作的小时、分、秒数了，结果如图7-43所示。

SUMIF	✕ ✓ fx	=SECOND(C3-B3)

	A	B	C	D	E	F
1	兼职人员姓名	开始工作时间	结束工作时间	工作时长		
2				小时	分	秒
3	赵桓	9:02:15	14:15:50	5	=SECOND(C3-B3)	
4	李欢	8:36:24	15:43:17			
5	罗梦卢	10:19:27	13:34:02			
6	张星	7:48:06	12:08:47			
7	刘戏者	9:36:19	15:04:09			
8	王磊	10:36:19	22:08:47			
9	周文	11:36:19	20:08:47			

图7-42 计算秒数

E7	✕ ✓ fx	=MINUTE(C7-B7)

	A	B	C	D	E	F
1	兼职人员姓名	开始工作时间	结束工作时间	工作时长		
2				小时	分	秒
3	赵桓	9:02:15	14:15:50	5	13	35
4	李欢	8:36:24	15:43:17	7	6	53
5	罗梦卢	10:19:27	13:34:02	3	14	35
6	张星	7:48:06	12:08:47	4	20	41
7	刘戏者	9:36:19	15:04:09	5	27	50
8	王磊	10:36:19	22:08:47	11	32	28
9	周文	11:36:19	20:08:47	8	32	28

图7-43 完成工作时长统计

温馨提示

参数必须为数值类型，即数字、文本格式的数字或表达式，如果为文本值，函数将返回错误值【#VALUE!】。

当参数serial_number的值大于24时，HOUR函数将提取实际小时与24的差值，例如，当小时为30，那么HOUR函数将提取小时返回值为6；当参数serial_number的值大于60时，MINUTE函数将提取实际分钟数与60的差值；当参数serial_number的值大于60时，SECOND函数将提取实际秒数与60的差值。

快速统计工作耗时

小强

赵哥,我发现时间函数不怎么好用。在计算工作时长时, HOUR、MINUTE、SECOND函数分别统计出工作所花的小时、分、秒。可是,如果我想计算工作总共耗时多少小时、多少分钟、秒钟,就不行了,真伤脑筋。

赵哥

小强,你忘记TEXT函数了?用这个函数可以转换数据的格式。你要以小时/分/秒为单位计算两个时间的间隔,然后用结束时间减去开始时间,再用TEXT函数转换格式就行。**TEXT的语法是TEXT(value,format_text),当参数format_text为h时转换为小时,当参数format_text为m时转换为分钟,当参数format_text为s时转换为秒钟。**

下面以【时长统计.xlsx】表为例,讲解如何快速将时间间隔转换为小时、分钟。

Step01: 计算兼职人员工作小时数。如图7-44所示,在【D2】单元格中输入函数【=TEXT(C2-B2,"[h]")】。

	A	B	C	D	E
			fx	=TEXT(C2-B2,"[h]")	
1	兼职人员姓名	开始工作时间	结束工作时间	耗时(小时)	耗时(分钟)
2	赵桓	2019/6/2 9:00	=TEXT(C2-B2,"[h]")		
3	李欢	2019/6/7 15:00	2019/6/8 15:00		
4	罗梦卢	2019/3/4 10:00	2019/3/5 9:00		
5	张星	2019/7/5 16:00	2019/7/6 9:00		
6	刘戏若	2019/3/4 9:00	2019/3/7 13:00		
7	王磊	2019/4/1 9:00	2019/4/3 16:00		
8	周文	2019/7/8 12:00	2019/7/9 10:00		

图7-44 计算兼职人员工作小时数

Step02：计算兼职人员工作分钟数。如图7-45所示，在【E2】单元格中输入函数【=TEXT(C2-B2,"[m]")】。

SUMIF		× ✓ fx	=TEXT(C2-B2,"[m]")	
	A	B	C	D	E
1	兼职人员姓名	开始工作时间	结束工作时间	耗时（小时）	耗时（分钟）
2	赵桓	2019/6/2 9:00	2019/6/3 15:00		=TEXT(C2-B2,"[m]")
3	李欢	2019/6/7 15:00	2019/6/8 15:00		
4	罗梦卢	2019/3/4 10:00	2019/3/5 9:00		
5	张星	2019/7/5 16:00	2019/7/6 9:00		
6	刘戏若	2019/3/4 9:00	2019/3/7 13:00		
7	王磊	2019/4/1 9:00	2019/4/3 16:00		
8	周文	2019/7/8 12:00	2019/7/9 10:00		

图7-45　计算兼职人员工作分钟数

Step03：完成统计。往下复制函数，即可完成兼职人员的工作时长统计。如图7-46所示，从结果可以看到以小时为单位时，兼职人员工作了多少小时；以分钟为单位时，兼职人员工作了多少分钟。

E5		× ✓ fx	=TEXT(C5-B5,"[m]")		
	A	B	C	D	E
1	兼职人员姓名	开始工作时间	结束工作时间	耗时（小时）	耗时（分钟）
2	赵桓	2019/6/2 9:00	2019/6/3 15:00	30	1800
3	李欢	2019/6/7 15:00	2019/6/8 15:00	24	1440
4	罗梦卢	2019/3/4 10:00	2019/3/5 9:00	23	1380
5	张星	2019/7/5 16:00	2019/7/6 9:00	17	1020
6	刘戏若	2019/3/4 9:00	2019/3/7 13:00	76	4560
7	王磊	2019/4/1 9:00	2019/4/3 16:00	55	3300
8	周文	2019/7/8 12:00	2019/7/9 10:00	22	1320

图7-46　完成所有人员的耗时统计

 **7.5.3 提取商品的入库日期和时间**

 赵哥

可不要小看TEXT函数，它还能用来提取日期和时间。**当参数format_text为"e-m-d"时，表示按照格式"年-月-日"提取日期，当参数format_text为"h:m:s"时，表示按照格式"小时：分：秒"提取时间。**

下面以【日期时间提取.xlsx】表为例，讲解如何提取时期和时间。

Step01：提取日期。如图7-47所示，在【C2】单元格中输入函数【=TEXT(B2,"e-m-d")】。如果想以"X年X月X日"的方式提取，则函数可写为【=TEXT(B2,"e年m月d日")】。

Step02：提取时间。如图7-48所示，在【D2】单元格中输入函数【=TEXT(B2,"h:m:s")】。

	SUMIF	× ✓ fx	=TEXT(B2,"e-m-d")

	A	B	C	D
1	商品编号	入库时间点	入库日期	入库时间
2	NYU125584	=TEXT(B2,"e-m-d")		
3	NYU125585	2019/6/7 15:00		
4	NYU125586	2019/3/4 10:00		
5	NYU125587	2019/7/5 16:00		
6	NYU125588	2019/3/4 9:00		
7	NYU125589	2019/4/1 9:00		
8	NYU125590	2019/7/8 12:00		
9				

图7-47 提取日期

	SUMIF	× ✓ fx	=TEXT(B2,"h:m:s")

	A	B	C	D
1	商品编号	入库时间点	入库日期	入库时间
2	NYU125584	2019/6/2 9:00	=TEXT(B2,"h:m:s")	
3	NYU125585	2019/6/7 15:00		
4	NYU125586	2019/3/4 10:00		
5	NYU125587	2019/7/5 16:00		
6	NYU125588	2019/3/4 9:00		
7	NYU125589	2019/4/1 9:00		
8	NYU125590	2019/7/8 12:00		

图7-48 提取时间

Step03：完成日期和时间提取。往下复制函数，就能完成所有商品的入库时期和时间提取，结果如图7-49所示。

	A	B	C	D
1	商品编号	入库时间点	入库日期	入库时间
2	NYU125584	2019/6/2 9:00	2019-6-2	9:0:0
3	NYU125585	2019/6/7 15:00	2019-6-7	15:0:0
4	NYU125586	2019/3/4 10:00	2019-3-4	10:0:0
5	NYU125587	2019/7/5 16:00	2019-7-5	16:0:0
6	NYU125588	2019/3/4 9:00	2019-3-4	9:0:0
7	NYU125589	2019/4/1 9:00	2019-4-1	9:0:0
8	NYU125590	2019/7/8 12:00	2019-7-8	12:0:0

图7-49 完成日期和时间提取

7.5.4 弹性工作制度，计算员工下班时间

　　现在很多企业实行弹性工作制度，即上班时间可自由安排，一天工作满8小时即可。我们企业也是如此，今天我还帮人事部门的同事统计了员工应下班的时间。用到了**TIME函数**，这个函数**可以返回某一特定时间的小数值**。因此，只要将数字"8"转换成时间，再加上员工打卡时间，就可以计算出应下班的时间了。

语法规则

函数语法： = TIME (hour,minute,second)。

参数说明如下。

☆ hour（必选）：0～32767 之间的数值，代表小时。任何大于 23 的数值将除以 24，其余数将视为小时。

☆ minute（必选）：0～32767 之间的数值，代表分钟。任何大于 59 的数值将被转换为小时和分钟。

☆ second（必选）：0～32767 之间的数值，代表秒。

下面以【下班时间计算.xlsx】表为例，讲解在8小时工作制的前提下，应该什么时间下班。

Step01： 计算下班时间。如图7-50所示，在【C2】单元格中输入函数【 =B2+TIME(8,0,0) 】。

Step02： 完成下班时间计算。如图7-51所示，往下复制函数，就能根据所有员工的打卡时间，计算出应下班的时间。

图7-50 计算下班时间

图7-51 完成所有员工下班时间计算

CHAPTER 8

查找引用函数，将
表格变成智能数据库

初学者总是想得很天真。我刚听说"查找函数"的概念时，第一反应是，查找？直接使用Excel的【查找】功能不就可以了吗。引用？直接选择单元格数据不就能引用了吗？

直到在做具体的报表时，我才明白，查找不仅仅是指从单元格区域中找到某个数，更重要的是，要根据不同的条件找到对应的数据，并生成一个结果。而引用函数可以根据设置的条件返回引用的值。

用熟了查找函数和引用函数后，我不禁感叹，这类函数简直就可以将我的报表变成智能数据库呀！

小 强

查找、引用函数使用的频率高，功能也很强大。可惜很多人都像小强刚开始学习时那样，体会不到这类函数的作用，或者是有畏难情绪，看到查找函数的概念就放弃了。

如果说查找函数是一辆车，那么引用函数就像方向盘，能灵活控制车开的方向。要想解决数据的查找和匹配问题，就需要掌握基本的查找和引用函数的用法，然后根据需求，合理地将查找和引用函数结合起来。用好查找引用函数，让Excel表格更智能！

赵 哥

8.1　引用函数，轻松调取数据

小强

赵哥，我最近的工作时不时需要从其他单元格中调用数据。看来，我得学习查找与引用函数了。我应该从哪里开始学习，您有什么建议吗？

赵哥

小强，查找函数和引用函数中，我建议你先学习引用函数。因为**引用函数相对比较简单，你学了就能用，有成就感**。此外，在**使用查找函数时，常常需要用引用函数做辅助**，所以你先学引用函数，后期再学习查找函数，循序渐进，效果加倍。

用INDIRECT函数统计商品数据

赵哥,我在学习INDIRECT函数时,看到它的概念描述是:**INDIRECT函数可以对引用进行计算,并显示其内容**,于是我想用这个函数来统计合格商品的数量。可是我看了半天,也没看懂如何应用这个函数。

小强,学习INDIRECT函数,只需要区分引用单元格有无引号的区别。**当引用单元格有引号时,返回单元格中的文本值;当单元格无引号时,就引用单元格地址。**

此外,你很可能是没厘清Excel中单元格引用样式的概念。**Excel中默认的引用样式是A1引用样式,即单元格的地址由列字母+行数字构成,如B2;而R1C1引用样式中,列标签是数字而不是字母,由"R"加行数字和"C"加列数字来指示单元格的位置。**如单元格绝对引用 R1C1 等于A1 引用样式中的绝对引用 \$A\$1。

其实R1C1引用样式用得较少,你只要将重点放在INDIRECT的使用方法上就行。

语法规则

函数语法: = INDIRECT(ref_text, [a1])。

参数说明如下。

☆ ref_text(必选):对单元格的引用,此单元格包含 A1 样式的引用、R1C1 样式的引用、定义为引用的名称或对作为文本字符串的单元格的引用。

☆ a1(可选):一个逻辑值,用于指定包含在单元格 ref_text 中的引用的类型。

INDIRECT函数在引用单元格地址时可以加引号或不加引号,加引号时是文本引用,不加引号时是地址引用。两种引用的结果分别如图8-1和图8-2所示。其函数的引用逻辑如图8-3所示。

图8-1 加引号引用　　　　　　　　　　图8-2 不加引号引用

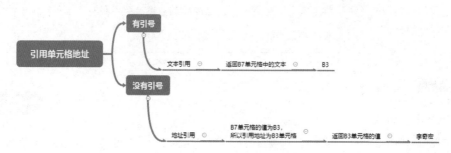

图8-3　INDIRECT函数两种引用逻辑

下面以【合格商品统计.xlsx】表为例，讲解如何通过引用单元格的文本统计函数，并计算合格商品的数量。

📢Step01：输入函数。如图8-4所示，在【E2】单元格中输入函数【=SUM(COUNTIF(INDIRECT({"C2:C18"}),">20"))】。函数表示，先用【INDIRECT({"C2:C18"})】函数返回【C2:C18】单元格区域中的内容，然后用COUNTIF函数统计返回内容中大于20的内容，最后用SUM函数将符合条件的计数加起来。

📢Step02：查看结果。完成函数的输入后，按【Enter】键即可看到统计结果，结果如图8-5所示。

图8-4　计算合格商品数量　　　　　　　图8-5　查看计算结果

8.1.2 快速获取单元格和列号与列数

赵哥

　　引用函数往往比较简单，可是千万不能因为其简单而轻视它。例如，**有返回单元格列号及单元格区域列数的函数、COLUMN函数和COLUMNS函数**，它们的语法都简单易上手。表面上看返回列数没什么用，但是在后期结合查找函数时，它将发挥巨大的作用。

 1 COLUMN函数

语法规则

　　函数语法：= COLUMN([reference])。

　　参数说明如下。

　　reference（可选）：要返回其列号的单元格或单元格区域。

　　下面通过【销量统计.xlsx】表为例，讲解如何利用数据的列号来统计数据。

📢 Step01：计算男子组平均销量。如图8-6所示，在表格中，男子组分别在第B列（第2列）和D列（第4列）。2和4除以2的余数均为0。利用这个特点，可以将列数除以2余数等于0的列找出来，再用AVERAGER函数求平均值。根据这个思路在【C19】单元格中输入函数【=AVERAGE(IF(MOD(COLUMN(B:E),2)=0,B2:E18))】，然后按【Ctrl+Shift+Enter】组合键，即可计算出男子组的平均销量。具体思路如图8-7所示。

📢 Step02：计算女子组平均销量。如图8-8所示，在【C20】单元格中输入函数【=AVERAGE(IF(MOD(COLUMN(B:E),2)<>0,B2:E18))】。函数中的【<>】符号表示不等于。然后按【Ctrl+Shift+Enter】组合键，即可计算出女子组的平均销量。

	A	B	C	D	E
1	产品编号	男1组销量	女1组销量	男2组销量	女2组销量
2	KP125	125	452	452	452
3	KP126	625	265	152	654
4	KP127	425	452	654	455
5	KP128	625	254	425	15
6	KP129	452	152	654	24
7	KP130	125	544	415	152
8	KP131	452	654	65	654
9	KP132	65	95	95	957
10	KP133	45	85	85	452
11	KP134	95	74	74	654
12	KP135	75	564	85	452
13	KP136	84	452	95	654
14	KP137	58	152	74	425
15	KP138	957	425	52	654
16	KP139	545	654	456	45
17	KP140	5245	85	544	152
18	KP141	6654	45	425	65
19	=AVERAGE(IF(MOD(COLUMN(B:E),2),B2:E18))				
20	女子组平均销量				

图8-6　计算男子组平均销量

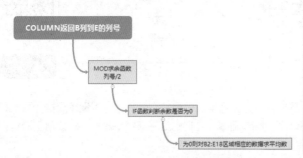

图8-7 嵌套函数计算逻辑

图8-8 计算女子组平均销量

COLUMNS函数

语法规则

函数语法：= COLUMNS(array)。

参数说明如下。

array（必选）：需要得到其列数的数组、数组公式或对单元格区域的引用。

下面继续以【销量统计.xlsx】表为例，讲解如何通过COLUMNS函数统计列数。

如图8-9所示，要想统计一共有多少个小组，即统计B列到E列有多少列。在【C21】单元格中输入函数【=COLUMNS(B:E)】，按【Enter】键即可计算出小组数量。

图8-9 计算列数

8.1.3 快速获取单元格的行号和行数

小强

　　既然有获取单元格列号和列数的函数，那么就一定有**获取单元格行号和行数的函数。这两个函数就是ROW函数和ROWS函数。**

ROW函数

语法规则

函数语法：= ROW([reference])。

参数说明如下。

reference（可选）：需要得到其行号的单元格或单元格区域。

ROW函数能用来提取单元格的行号，利用这个规律，可以让表格实现隔行填充的效果，方便数据的阅读。下面以【生产表.xlsx】为例进行讲解。

Step01：新建规则。❶选择【A2:D14】单元格区域，单击【开始】选项卡下的【样式】组中的【条件格式】下三角按钮；❷在弹出的下拉列表中执行【新建规则】选项，如图8-10所示。

Step02：输入函数。❶打开【新建格式规则】对话框，在【选择规则类型】框中单击【使用公式确定要设置格式的单元格】选项；❷在【为符合此公式的值设置格式】文本框中输入公式【=MOD(ROW(),2)=1】，该函数表示用行号除以2，余数为1则符合要求，即将奇数行找出来；❸单击【格式】按钮，如图8-11所示。

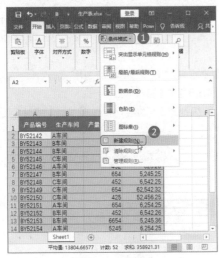

图8-10　新建规则

图8-11　输入函数

Step03：设置奇数行格式。❶打开【设置单元格格式】对话框，在【填充】选项卡的【背景色】面板中选择需要的颜色；❷单击【确定】按钮，关闭【设置单元格格式】对话框，如图8-12所示。

Step04：查看效果。返回【新建格式规则】对话框，单击【确定】按钮，关闭对话框即可查看最终效果，如图8-13所示。

图8-12 设置填充色

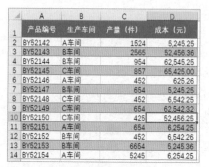

图8-13 查看隔行填充效果

2 ROWS函数

语法规则

函数语法：= ROWS(array)。

参数说明如下。

array（必选）：需要得到其行数的数组、数组公式或对单元格区域的引用。

下面继续以【生产表.xlsx】表为例，讲解如何通过ROWS函数列数。

如图8-14所示，要想统计一共有多少种产品，即统计第2行到第14行有多少行。在【C15】单元格中输入函数【 =ROWS(2:14)】，按【Enter】键即可计算出产品数量。

图8-14 计算产品数量

8.1.4 稳、准、狠地锁定单元格地址

赵哥，我已经学会了根据单元格地址返回单元格内容，以及单元格的行列号。那么可不可以反过来，根据给定的行列号，返回单元格的地址？我思考了下，这样有利于根据条件查找特定的数据。

小强，学习函数就要这样多思考多动脑。**根据指定行列号返回单元格地址的函数是ADDRESS函数**。利用这个函数，可以制作数据查询表，只要设置好单元格的查询条件，就可以返回需要的查询信息。

语法规则

函数语法：= ADDRESS(row_num,column_num,abs_num,[A1],[sheet_text])。

参数说明如下。

☆ row_num（必选）：一个数值，指定要在单元格引用中使用的行号。

☆ column_num（必选）：一个数值，指定要在单元格引用中使用的列号。

☆ abs_num（必选）：一个数值，指定要返回的引用类型，1或省略绝对引用；2绝对行号，相对列标；3相对行号，绝对列标；4相对引用。

☆ A1（可选）：一个逻辑值，指定 A1 或 R1C1 引用样式。

☆ sheet_text（可选）：一个文本值，指定要用作外部引用的工作表的名称。

下面以【商品查询表.xlsx】表为例，讲解如何制作一个简单的商品查询表，通过选择商品编号，就能显示相应的商品信息。

Step01：制作查询表框架。如图8-15所示，❶在表格右边空白区域，制作一个简单的查询框架，写上"商品数据查询"等文字内容，引导查询者使用这个查询表；❷选中【H2】单元格，单击【数据】选项卡的【数据验证】菜单中的【数据验证】选项。

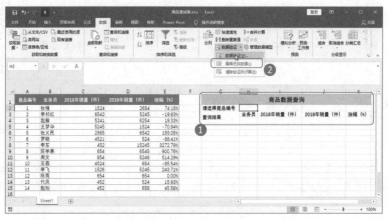

图8-15　制作查询表框架

📢Step02：设置数据验证。如图8-16所示，❶在【数据验证】对话框中选择【序列】验证条件；❷设置【来源】为商品的编号【1,2,3,4,5,6,7,8,9,10,11,12,13,14】；❸单击【确定】按钮。

📢Step03：查看数据验证效果。回到表格中，可以看到【H2】单元格出现了下拉菜单，在下拉菜单中可以选择商品的编号，结果如图8-17所示。

图8-16　设置数据验证

图8-17　数据验证效果

📢Step04：输入函数。如图8-18所示，在【H4】单元格中输入查询业务员信息的函数【=INDIRECT(ADDRESS($H$2+1, COLUMN(B2)))】。该函数表示：用【$H$2+1】作为单元格地址的行号，用【COLUMN(B2)】作为单元格地址的列号，确定单元格地址后，用INDIRECT函数返回单元格中的内容。

📢Step05：复制函数。往右复制函数，即可完成商品的其他信息查询函数，效果如图8-19所示，选择不同的商品编号，就会出现相应的商品信息。

图8-18　输入函数查询业务员信息

图8-19　往右复制函数完成查询表制作

8.1.5　引用函数"大哥"，根据偏移量引用单元格区域

小强

　　赵哥说引用函数就像方向盘，直到我学会了OFFSET函数，才领会到这句话的含义。**OFFSET函数是引用函数的"大哥"**，它神通广大，**能以指定的引用为参照系，通过给定偏移量得到新的引用。返回的引用可以为一个单元格或单元格区域**。如此一来，就可以更加灵活地引用表格中特定区域的数据了。

语法规则

　　函数语法：= OFFSET(reference, rows, cols, [height], [width])。
　　参数说明如下。

☆ reference（必选）：参照单元格。可以是一个单元格或单元格区域，当reference 为单元格区域时，必须为对单元格或相连单元格区域的引用；否则，OFFSET 返回错误值【#VALUE!】。

☆ rows（必选）：相对于参照单元格的行偏移量。正数代表向下偏移，负数代表向上偏移。

☆ cols（必选）：相对于参照单元格的列偏移量。正数代表向右偏移，负数代表向左偏移。

☆ height（可选）：引用区域的行数。

☆ width（可选）：引用区域的列数宽度。

 让数据行列转换

下面以【偏移引用函数.xlsx】文件中的【客户姓名】表为例，讲解如何使用OFFSET函数将TXT导入到的按行排列的客户姓名改成按列排列。

📢 Step01：输入函数。如图8-20所示，在【F2】单元格中输入函数【=OFFSET($A$2,(ROW(A1)-1)/4,MOD(ROW(A1)-1,4))】。该函数表示，以【A2】单元格中为参照单元格，用【(ROW(A1)-1)/4】控制偏移行数，用【MOD(ROW(A1)-1】控制偏移列数，返回一个4行1列的数据。

📢 Step02：完成行列转换。往下复制函数，就可以将客户姓名按列排列，结果如图8-21所示。

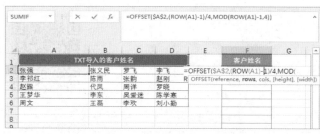

图8-20 输入函数

图8-21 完成行列转换

 汇总特定区域的数据

使用OFFSET函数返回特定区域的数据后，还可以对数据进行求和等运算。下面以【偏移引用函数.xlsx】文件中的【销量统计】为例，讲解如何返回第1组的销量数据，并进行求和。

📢 Step01：输入函数。如图8-22所示，在【C14】单元格中输入函数【=SUM(OFFSET(C2,ROW(A1)-1,ROW(A1),3,1))】，函数的计算逻辑如图8-24所示。

📢 Step02：完成销量汇总。按【Enter】键，就可以看到第1组的销量汇总数据，如图8-23所示。

▲	A	B	C	D	E
1	商品编号	业务员	组别	销量（件）	
2	1	张强	第1组	1524	
3	2	李祁红	第1组	6542	
4	3	赵露	第1组	5241	
5	4	王梦华	第2组	5245	
6	5	张义民	第2组	2565	
7	6	罗晓	第2组	4521	
8	7	李东	第3组	452	
9	8	陈学寨	第3组	654	
10	9	周文	第3组	854	
11	10	王磊	第4组	4524	
12	11	李飞	第4组	1526	
13	14	赵刚	第4组	452	
14	第1组=SUM(OFFSET(C2,ROW(A1)-1,ROW(A1),3,1))				

图8-22 输入函数

▲	A	B	C	D
1	商品编号	业务员	组别	销量（件）
2	1	张强	第1组	1524
3	2	李祁红	第1组	6542
4	3	赵露	第1组	5241
5	4	王梦华	第2组	5245
6	5	张义民	第2组	2565
7	6	罗晓	第2组	4521
8	7	李东	第3组	452
9	8	陈学寨	第3组	654
10	9	周文	第3组	854
11	10	王磊	第4组	4524
12	11	李飞	第4组	1526
13	14	赵刚	第4组	452
14	第1组销量汇总		13307	

图8-23 完成第1组销量汇总

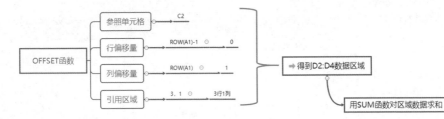

图8-24 函数运算逻辑

 温馨提示

使用OFFSET函数有以下两个注意事项。

（1）如果行数和列数偏移量超出工作表边缘，OFFSET函数将返回错误值【#REF!】。

（2）如果省略参数height或参数width，则假设其高度或宽度与reference相同。

8.1.6 小而美的函数，一键实现行列转换

小强

昨天在完成张总给的表格任务时，我用OFFSET函数转换了客户姓名的行列数据，这有点复杂。于是我研究了一下，发现其实有专门转换行列数据的引用函数，那就是**TRANSPOSE函数，该函数可将行单元格区域转置成列单元格区域，还可以转置数组或工作表上单元格区域的垂直和水平方向**。这个函数用来处理表格数据再合适不过了。

语法规则

函数语法：= TRANSPOSE(array)。

参数说明如下。

array（必选）：需要进行转置的数组或工作表上的单元格区域。所谓数组的转置就是，将数组的第一行作为新数组的第一列，数组的第二行作为新数组的第二列，以此类推。

下面以【行列转换.xlsx】表为例，讲解当输入表格数据时，行与列的数据输入相反，如何使用TRANSPOSE函数快速调整数据方向。

Step01：输入函数。如图8-25所示，❶ 选中转换后显示数据的区域【I2:L8】。转换前的数据为7列4行，所以转换后的数据为4列7行。❷ 在公式编辑栏中函数【 =TRANSPOSE(A2:G5)】。

图8-25 输入函数

Step02：完成行列转换。输入完函数后，按【Ctrl+Shift+Enter】组合键确认，就可以完成原数据的行列转换了，效果如图8-26所示。

图8-26 完成行列转换

8.2 学会查找函数，就不怕表格数据多

张总

　　小强，我们公司每天都会有大量的数据，为提高数据分析效率，精准查找数据的能力是必须的。接下来我会让你根据不同的需求做一些查询表，并将重点数据提取出来。

小强

制作查询表？这听起来很高级。张总，我已经学会了引用函数，现在迫不及待地想使用查找函数。从海量数据中，写一个函数就实现数据提取，看来我离自动化办公不远了。

 使用VLOOKUP函数制作简单查询表

小强

赵哥，张总给了我一张公司拓展新业务的2000名客户资料表，需要我做一个简单的快速查询界面，**要求输入客户姓名就能显示客户职位和喜好**，方便后期个性化营销。这听起来是一项艰巨的任务，是不是需要用VBA编程才可以实现啊？

赵哥

小强，别把问题想复杂了，这项任务很简单，只需要用VLOOKUP查询函数最基本的功能就可以。**VLOOKUP函数是Excel中的一个纵向查找函数，它可以按列查找数据，最终返回该列中与查询值对应的值。**

因此，你这个任务的解决思路是，**使用VLOOKUP函数，根据客户姓名按列查找，找到正确的姓名后，返回姓名对应的职位和喜好信息。**

语法规则

函数语法：= VLOOKUP(lookup_value, table_array, col_index_num, [range_lookup])。

参数说明如表 8-1 所示。

表8-1　VLOOKUP函数各参数的使用说明

参　　数	使　用　方　法	输入数据类型
lookup_value	要查找的值。如本例中为客户姓名	数值、引用或文本字符串
table_array	要查找的区域。本例中为包含客户信息的表格区域	数据表区域

续表

参 数	使 用 方 法	输入数据类型
col_index_num	返回数据在查找区域的第几列值。如本列中，客户职位在客户姓名后面的第3列	正整数
range_lookup	模糊匹配/精确匹配。本例中客户姓名是唯一的，需要精确匹配	TRUE、不填、FALSE

下面以【客户查找表】为例，讲解如何使用VLOOKUP函数制作查询表。

Step01：选择函数。如图8-27所示，❶在表格右边建立一个简单的查询界面，并输入相应的提示语；❷选中【G2】单元格；❸单击【插入函数】按钮，选择【VLOOKUP】函数。

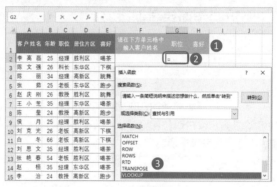

图8-27 选择函数

Step02：为"职位"设置函数参数。如图8-28所示，❶在打开的【函数参数】对话框中设置函数参数。该参数表示，根据【F2】单元格中的值进行查询，查询范围为【$A$2:$E$2001】单元格区域，找到对应的值后，返回该值对应的第3列的数据，精确匹配；❷单击【确定】按钮。此时就完成了"职位"函数的设置。

Step03：为"喜好"设置函数参数。如图8-29所示，❶用同样的方法选中【H2】单元格，插入VLOOKUP函数，并设置函数参数；❷单击【确定】按钮。

图8-28 为"职位"设置函数参数

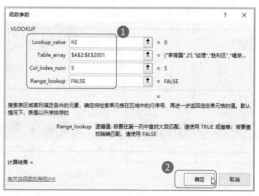

图8-29 为"喜好"设置函数参数

Step04：进行查询。如图8-30和图8-31所示，完成【G2】和【H2】单元格的函数设置后，在F2单元格中输入客户姓名，便立刻显示出客户对应的职位和喜好信息。

G2		×	✓	fx	=VLOOKUP(F2,$A$2:$E$2001,3,FALSE)		
	A	B	C	D	E	F	G	H
1	客户姓名	年龄	职位	居住片区	喜好	请在下方单元格中输入客户姓名	职位	喜好
2	李 高 磊	25	经理	胜利区	喝茶	陈丽	经理	跳舞
3	陈 文 强	26	科长	东华区	下棋			
4	陈　丽	34	经理	高新区	跳舞			
5	张　茹	25	老板	东华区	跑步			

图8-30　查询结果（1）

G2		×	✓	fx	=VLOOKUP(F2,$A$2:$E$2001,3,FALSE)		
	A	B	C	D	E	F	G	H
1	客户姓名	年龄	职位	居住片区	喜好	请在下方单元格中输入客户姓名	职位	喜好
2	李 高 磊	25	经理	胜利区	喝茶	罗文强	老板	下棋
3	陈 文 强	26	科长	东华区	下棋			
4	陈　丽	34	经理	高新区	跳舞			
5	张　茹	25	老板	东华区	跑步			

图8-31　查询结果（2）

8.2.2　使用VLOOKUP函数模糊匹配功能

小强

越深入理解VLOOKUP函数，越有意想不到的收获。我统计了过去半年销售的250种商品的销量，并且需要将商品等级填上去。小于200件的是"差"，200～800件的是"中"，800～2000件的是"良"，2000～5000件的是"优"。我这个任务可以使用VLOOKUP函数的模糊匹配功能来实现，即**使用模糊匹配功能，查找近似匹配值**。换句话说，如果找不到精确匹配值，则返回小于lookup_value 的最大数值。

下面以【匹配商品等级.xlsx】表为例，讲解如何使用VLOOKUP函数模糊匹配商品等级。

 Step01：输入函数。如图8-32所示，❶在表格的右边输入"最低销量""区间""等级"三项商品级别判断信息。❷在【C2】单元格中输入VLOOKUP公式。该公式表示在【D:F】单元格中查找与【B2】单元格匹配的值，如果找不到精确匹配的，则返回小于【B2】单元格的最大值。当【B2】单元格值为1245时，D列中800是小于1245的最大值，因此返回"800"对应的第3列数据，为"良"。

📢 Step02：查看结果。完成【C2】单元格公式的输入后，复制公式到下面的单元格，结果如图8-33所示，所有商品的等级信息就匹配完成了。

图8-32 输入函数

	商品编码	销量（件）	等级
1			
2	1号商品	1,245	良
3	2号商品	958	良
4	3号商品	748	中
5	4号商品	658	中
6	5号商品	458	中
7	6号商品	415	中
8	7号商品	2,654	优
9	8号商品	425	中
10	9号商品	625	中
11	10号商品	958	良

图8-33 查看结果

8.2.3 结合通配符使用VLOOKUP函数

小强

赵哥，张总给了我一张供货商信息表，让我做个查询界面，要求输入供货商部分名称就可以查询出供货记录。我已经学会了VLOOKUP函数的精确匹配和模糊匹配功能。可是我将range_lookup参数设置为1，依然不能实现模糊查找，为什么？。

赵哥

小强，你没有将模糊查询功能理解透彻呀！你的这项任务，需要结合通配符来使用VLOOKUP函数。在Excel中，有两种通配符，"*"号代表所有字符，"?"号代表一个字符。

例如，你的任务目标是，输入"五福"就查询出"北京五福同乐食品有限公司"的相关信息。那么**"五福"前后都有一定数量的字符，因此需要写成"*五福*"**。

所以，在VLOOKUP函数表达式中进行模糊查找，要结合文本连接符号"&"进行查找。例如【"*"&"科技"&"*"】，表示要查找包含"科技"二字的内容。又如【"科技"&"?"】表示要查找"科技"后面带有一个字符的内容。

下面以【供货商查询.xlsx】表为例，讲解如何使用通配符查询。

📢 Step01：输入"商品"查询函数。如图8-34所示，在【H2】单元格中输入商品的查询函数【=VLOOKUP("*"&$G$2&"*",$A:$F,3,0)】。其中【$】符号表示绝对引用。

图8-34 输入"商品"查询函数

📢 Step02：设置"数量"和"单价"查询函数。完成【H2】单元格的函数设置后，将鼠标放到【H2】单元格的右下角，按住鼠标左键不放，往右拖动复制函数。然后再修改函数中的【col_index_num】值。其中【I2】单元格中的【col_index_num】为【5】，【J2】单元格中的【col_index_num】为【6】。结果如图8-35所示。

图8-35 设置"数量"和"单价"查询函数

📢 Step03：输入部分供货商名称进行查询。如图8-36和图8-37所示，输入部分供货商名称即可显示对应的查询信息。

图8-36 输入部分供货商名称

供货商	日期	商品	单位	数量	单价（元）	请在下方单元格输入 供货商名称	商品	数量	单价 （元）
成都佳佳乐食品有限公司	3月1日	牛奶	箱	156	96	恒想	定制礼品	436	210
上海重趣食品有限公司	3月15日	小面包	箱	219	70				
北京五福同乐食品有限公司	4月3日	果冻	箱	624	63				
国力机械有限公司	4月4日	打印机	台	56	1,246				

图8-37　输入部分供货商名称

8.2.4　使用HLOOKUP函数进行横向查询

要想查找同一行的数据，就使用HLOOKUP函数。该函数用于在表格或数值数组的首行查找指定的数值，并在表格或数组中指定行的同一列中返回一个数值。如果区分不了VLOOKUP函数和HLOOKUP函数，可以这样记忆，行（hang）的拼音首字母是"H"，所以HLOOKUP就是行查找函数。

语法规则

函数语法：= HLOOKUP(lookup_value, table_array, row_index_num, [range_lookup])。

参数说明如下。

☆ lookup_value（必选）：需要在表的第一行中进行查找的数值。该参数可以为数值、引用或文本字符串。

☆ table_array（必选）：需要查询的数据区域。使用对区域或区域名称的引用。该参数第一行的数值可以为文本、数字或逻辑值。

☆ row_index_num（必选）：table_array 中待返回的匹配值的行序号。该参数为 1 时，返回第一行的某数值；该参数为 2 时，返回第二行中的数值，以此类推。

☆ range_lookup（可选）：逻辑值，指明函数查找时是精确匹配，还是近似匹配。如果为TRUE 或省略，则返回近似匹配值。

① 单条件查询

下面以【销量查询表.xlsx】文件中的【单条件查询】表为例，讲解如何根据商品名称查询商品在3月的销量。

Step01：输入函数。如图8-38所示，在【B11】单元格中输入函数【=HLOOKUP(B10,A1:F7,3)】，表示根据【B10】单元格中的商品名，在【A1:F7】区域进行查找，找到后返回同一行的第3个数值。

Step02：查看销量。完成函数输入后，按【Enter】键即可看到销量值的大小，结果如图8-39所示。

	A	B	C	D	E	F
1	商品名称	1月	2月	3月	4月	5月
2	订书机	70	90	73	159	392
3	书桌	80	60	75	147	362
4	数据线	56	50	68	123	297
5	笔记本	124	99	128	256	607
6	鼠标	98	145	104	239	586
7	U盘	101	94	89	186	470
8						
9	商品	书桌				
10	时间	3月				
11	销=HLOOKUP(B10,A1:F7,3)					

图8-38　输入函数

	A	B	C	D	E	F
1	商品名称	1月	2月	3月	4月	5月
2	订书机	70	90	73	159	392
3	书桌	80	60	75	147	362
4	数据线	56	50	68	123	297
5	笔记本	124	99	128	256	607
6	鼠标	98	145	104	239	586
7	U盘	101	94	89	186	470
8						
9	商品	书桌				
10	时间	3月				
11	销量	75				

图8-39　查看销量

2　双条件查询

下面以【销量查询表.xlsx】文件中的【双条件查询】表为例，讲解如何根据商品和销量时间查询对应的销量。

Step01：输入函数。图8-40所示在【B11】单元格中输入函数【=HLOOKUP(B10,A1:E7,MATCH(B9,A1:A7,0))】，表示根据【B10】单元格中的商品名，在【A1:F7】区域进行查找，然后用【MATCH(B9,A1:A7,0)】控制返回的值。MATCH函数用来返回数据在表中的位置。

Step02：查看销量。输入函数后，按【Enter】键即可查看同时符合商品名称和销量时间条件的销量数据，结果如图8-41所示。

	A	B	C	D	E
1	商品名称	1月	2月	3月	4月
2	订书机	392	590	490	485
3	书桌	362	496	325	775
4	数据线	297	590	700	756
5	笔记本	607	987	555	582
6	鼠标	586	360	570	482
7	U盘	470	501	460	485
8					
9	商品	订书机			
10	时间	3月			
11	=HLOOKUP(B10,A1:E7,MATCH(				
12	B9,A1:A7,0))				
13					

图8-40　输入函数

	A	B	C	D	E
1	商品名称	1月	2月	3月	4月
2	订书机	392	590	490	485
3	书桌	362	496	325	775
4	数据线	297	590	700	756
5	笔记本	607	987	555	582
6	鼠标	586	360	570	482
7	U盘	470	501	460	485
8					
9	商品	订书机			
10	时间	3月			
11	销量	490			
12					

图8-41　查看销量

8.2.5　使用LOOKUP函数根据特定值查找数据

小强

Excel的查找函数写法太容易混淆了！有VLOOKUP函数、HLOOKUP函数，今天在制表时，我又学习了**LOOKUP函数，该函数可以根据特定值查找数据。**

语法规则

函数语法：= LOOKUP(lookup_value, lookup_vector, [result_vector])。

参数说明如下。

☆ lookup_value（必选）：在第一个向量中搜索的值。lookup_value中的值可以是数字、文本、逻辑值、名称或对值的引用。

☆ lookup_vector（必选）：只包含一行或一列的区域。lookup_vector 中的值可以是文本、数字或逻辑值。

☆ result_vector（可选）：只包含一行或一列的区域。result_vector参数的区域必须与lookup vector的区域大小相同。

下面以【员工信息表.xlsx】为例，讲解如何输入员工编号就能查询出员工的姓名、职务、绩效评分。

Step01：输入函数查询员工姓名。如图8-42所示，在【H3】单元格中输入函数【=LOOKUP($H$2, $A$2:$A$12,B2:B12)】。该函数表示，在【A2:A12】单元格区域内查找【H2】单元格的值，找到在【B2:B12】单元格区域返回对应的值。

图8-42　查询员工姓名

Step02：查询员工职务和绩效评分。同样的道理，在【H4】单元格中输入函数【=LOOKUP($H$2,$A$2:$A$12,D$2:D$12)】，以及在【H5】单元格中输入函数【=LOOKUP($H$2,$A$2:$A$12,E$2:E$12)】，这样就能实现所需员工信息的查询，结果如图8-43所示。

图8-43　查询员工职务和绩效评分

8.2.6 学会MATCH函数，让查找升级

赵哥

在表格中查找数据时，查找条件往往是变化的，这时就需要使用其他函数来控制查找条件。**使用MATCH函数可以返回数据在区域中的位置**，从而实现动态查找数据的作用。除此之外，**MATCH函数还能验证某个值是否存在于表格中，表格中是否有重复的数据。**

语法规则

函数语法：= MATCH(lookup_value, lookup_array, [match_type])。

参数说明如下。

☆ lookup_value（必选）：需要在 lookup_array 中查找的值。

☆ lookup_array（必选）：要查找的值所在的单元格区域。

☆ match_type（可选）：数字 −1、0 或 1。match_type 参数指定 Excel 如何在 lookup_array 中查找 lookup_value 的值。此参数的默认值为 1。其具体含义是：为1时，查找小于或等于lookup_value的最大数值在lookup_array中的位置，lookup_array必须按升序排列；为0时，查找等于lookup_value的第一个数值，lookup_array按任意顺序排列；为−1时，查找大于或等于lookup_value的最小数值在lookup_array中的位置，lookup_array必须按降序排列。

1 计算有多少个符合要求的数据

下面以【MATCH函数.xlsx】文件中的【数据计算】表为例，讲解如何用MATCH函数查询有多少个符合要求的数据。

📢 Step01：设置条件并降序排序。如图8-44所示，❶在【A20】单元格中输入条件为"大于"；❷单击【B1】单元格的按钮，在打开的菜单中选择【降序】排序。

📢 Step02：计算销量大于400的商品数量。完成排序后，如图8-45所示，❶选中【C20】单元格，在编辑栏中输入函数【=MATCH(B20,B2:B18,−1)】；❷按【Enter】键即可看到计算结果，一共有10件商品的销量大于400件。

图8-44　设置条件并降序排序

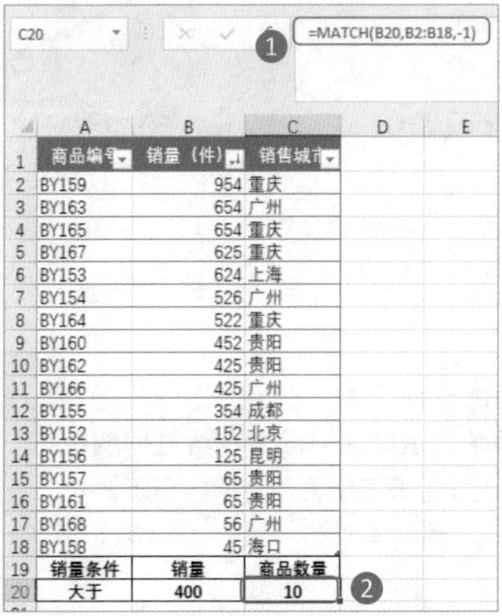

图8-45　计算销量大于400的商品数量

Step03：升序排序数据。如图8-46所示，❶单击【B1】单元格的按钮；❷选择【升序】排序选项。

Step04：计算销量小于400的商品数量。完成升序排序后，如图8-47所示，❶在【A20】单元格中输入条件为【小于】；❷选中【C20】单元格，在编辑栏中输入函数【=MATCH(B20,B2:B18,1)】；❸按【Enter】键即可看到计算结果，一共有7件商品的销量小于400件。

图8-46　升序排序数据

图8-47　计算销量小于400的商品数量

2 结合VLOOKUP函数制作查询表

下面以【MATCH函数.xlsx】文件中的【查询表】表为例，讲解如何结合VLOOKUP函数来实现数据查询。要实现的效果是，输入客户姓名，再选择"性别""年龄（岁）"等查询项，就可以显示对应的客户信息。

Step01：打开【数据验证】对话框。如图8-48所示，❶选中【H2】单元格；❷选择【数据】选项卡下的【数据验证】菜单中的【数据验证】选项。

Step02：设置数据验证条件。如图8-49所示，❶选择【序列】条件；❷在【来源】中输入序列，❸单击【确定】按钮。

图8-48 打开数据验证对话框

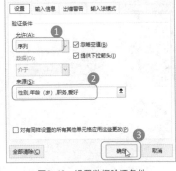

图8-49 设置数据验证条件

Step03：输入函数。如图8-50所示，在【H3】单元格中输入函数【=VLOOKUP(G3,A2:E12,MATCH(H2,A1:E1,0),0)】。该函数表示，在【A2:E12】单元格区域中查找【G3】单元格客户姓名，找到后返回的列数值由MATCH函数决定，【MATCH(H2,A1:E1,0)】将返回【H2】单元格的值所在的列数。

Step04：使用查询表。完成函数输入后，就可以通过输入客户姓名，再选择需要查询的选项，查看具体的客户信息，结果如图8-51所示。

图8-50 输入函数

图8-51 使用查询表

温馨提示

使用MATCH函数有以下三个注意事项。

（1）**MATCH 函数会返回 lookup_array 中匹配值的位置而不是匹配值本身**。例如，MATCH("b",{"a","b","c"},0) 会返回 2，即"b"在数组 {"a","b","c"} 中的相对位置。

（2）**查找文本值时，MATCH 函数不区分大小写字母**。

（3）**如果 MATCH 函数查找匹配项不成功，它会返回错误值【 #N/A 】。**

8.2.7 查找函数的精英，INDEX函数的妙用

小 强

要想根据位置查找数据，不会INDEX函数可不行。**INDEX函数用于返回指定的行与列交叉处的单元格引用**。如果引用由不连续的选定区域组成，可以选择某一选定区域。更厉害的是，INDEX函数还可以结合其他的查找和引用函数，展现其强大的数据查找能力。

语法规则

函数语法：= INDEX(reference, row_num, [column_num], [area_num])。

参数说明如下。

☆ reference（必选）：对一个或多个单元格区域的引用。

☆ row_num（必选）：引用中某行的行号，函数从该行返回一个引用。

☆ column_num（可选）：引用中某列的列号，函数从该列返回一个引用。

☆ area_num（可选）：选择引用中的一个区域，以从中返回 row_num 和 column_num 的交叉区域。选中或输入的第一个区域序号为 1，第二个区域序号为 2，以此类推。如果省略 area_num，则函数 INDEX 使用区域1。

INDEX函数在使用时，常常通过其他函数来控制row_num（行号）、column_num（列号），例如，用MATCH函数和ROW函数来控制行号，以实现灵活的提取数据。

INDEX函数+MATCH函数

下面以【INDEX函数.xlsx】文件中的【查找工资】表为例，讲解如何通过MATCH函数来控制INDEX函数提取特定姓名和部门的员工工资。

如图8-52所示，在【H5】单元格中输入函数【=INDEX(D2:D10,MATCH(H3&H4,A2:A10 & B2:B10,0))】，然后按【Ctrl+Shift+Enter】组合键，完成员工工资提取。该函数表示，在【D2:D10】单元格区域中查找数据，找到数据后返回与MATCH函数对应的数据。其中，MATCH函数的作用是，在【A2:A10】及【B2:B10】中查找符合查询条件的姓名+部门的字符串。

	H5		× ✓ fx	{=INDEX(D2:D10,MATCH(H3&H4,A2:A10 & B2:B10,0))}			
▲	A	B	C	D	E	F	G	H	I
1	姓名	部门	职位	月薪（元）	工龄（年）		工资查询	
2	李欢	营销部	普通员工	8520	4			
3	张奇	技术部	中级员工	4520	1		姓名	邱文
4	刘浩然	交通部	中级员工	5860	5		所在部门	客服部
5	白小米	运输部	部门经理	4850	4		员工工资	8620
6	邱文	客服部	部门经理	8620	4			
7	明威	营销部	高级员工	4850	9			
8	张庄	维修部	部门经理	7520	7			
9	杨横	营运部	部门经理	6520	8			
10	王蕊	技术部	部门经理	4530	4			

图8-52 提取特定部门的员工工资

 INDEX函数+ROW函数

下面以【INDEX函数.xlsx】文件中的【查找姓名和编号】表为例，讲解如何将编号和姓名混排的数据单独提取出来。

Step01：提取员工姓名。如图8-53所示，在【D2】单元格中输入函数【=INDEX(B:B,MOD(ROW(B$3),2)+ROW(B$2)*ROW(B1))&""】，函数最后的"&""""可以解决返回结果为"0"的情况。其中行号的设置逻辑如图8-54所示。

	SUMIF		× ✓ fx	=INDEX(B:B,MOD(ROW(B$3),2)+ROW(B$2)*ROW(B1))&""			
▲	A	B	C	D	E	F	G
1	员工信息表			员工姓名提取	员工编号提取		
2	编号	YM125		=INDEX(B:B,MOD(ROW(B$3),2)+ROW(B$2)*ROW(B1))&""			
3	姓名	赵强					
4	编号	YM256					
5	姓名	李欢					
6	编号	YM524					
7	姓名	何东梅					
8	编号	YM632					
9	姓名	王磊					
10	编号	YM415					
11	姓名	罗梦					

图8-53 提取员工姓名

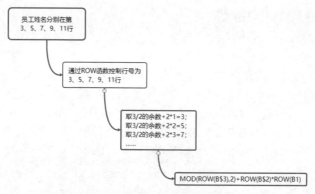

图8-54 设置INDEX函数提取行的逻辑

📢 Step02：提取员工编号。如图8-55所示，在【E2】单元格中输入函数【=INDEX(B:B,ROW(D1)*2)&""】。

📢 Step03：完成姓名和编号提取。往下复制【D2】单元格和【E2】单元格的函数，完成姓名和编号提取，结果如图8-56所示。

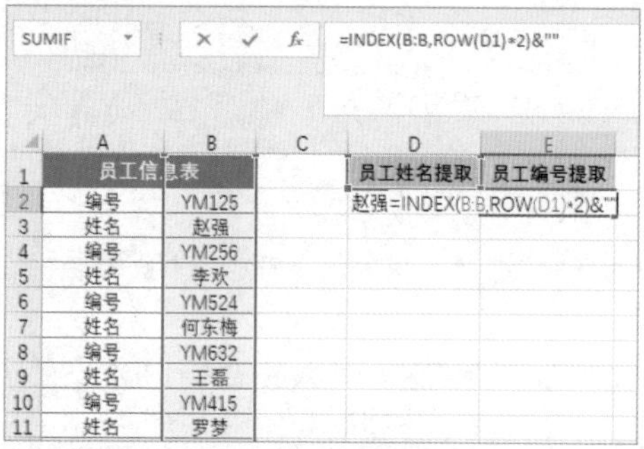

图8-55 提取员工编号

图8-56 完成姓名和编号提取

CHAPTER 9

数学与统计函数，
得出数据规律

要说有什么函数是职场各岗位人员的通用函数，那非数学与统计函数莫属。谁都需要时不时汇总个数据、计算一下平均值、求一下排名……

还好我之前已经学习了财务函数、逻辑函数、引用函数。当我有了基础后再来学习数学与统计函数，完全是小菜一碟。数学和统计函数的语法结构相对比较简单，而且又实用，学起来成就感满满的。

小 强

Excel之所以广受欢迎，在很大程度上是因为它强大的计算功能。对于很多人来说，这强大的计算功能意味着强大的数据统计处理能力。

可以用统计函数来处理常见的数学运算，如求和、数目统计等；用数据舍入函数来处理数据的取舍问题，方便控制数据的精度。用好这些函数，是职场数据分析的必备技能。

赵 哥

9.1 使用函数来统计，效率快得像火箭

张 总

小强，最近是销售旺季，加上今年新增加了几个产品，公司上下忙得不可开交。你可得加把劲了，好好统计分析市场、库存等数据，打好这场交易硬仗。

小 强

嘿嘿，张总，面对近期快节奏的工作，虽然有些压力，但是相信我能胜任。常用的数据求和、求平均值、数量统计问题我都有所了解了，遇到不懂的，请教赵哥就行。

9.1.1 求和函数3大金刚，库存统计不出错

小强

　　刚学习函数的时候，我就知道SUM函数是求和函数，没想到在实际工作中，要完成不同需要的求和，仅会SUM函数可不够啊！还要学会**用SUMIF函数来根据1个条件进行求和**；**用SUMIFS函数来根据多个条件进行求和**；以及**SUMPRODUCT函数来求几组数的乘积之和**。

1 SUMIF函数单条件求和

语法规则

　　函数语法：=SUMIF(range,criteria,[sum_range])。

　　参数说明如下。

　　☆　range（必选）：条件区域。

　　☆　criteria（必选）：求和的条件，其形式可以为数字、表达式、单元格引用、文本或函数。例如，条件可以表示为 32、">32"、B5、32、"32"、"苹果"或TODAY()。

　　☆　sum_range（可选）：要求和的单元格。

　　下面以【销售统计.xlsx】文件中的【表1】为例，讲解SUMIF函数单条件求和的用法。表中的产品在不同的片区销售，现在需要统计出A区的销售数据。

Step01：选择函数。如图9-1所示，需要计算A区所有商品的销售，❶选中【C14】单元格；❷单击【插入函数】按钮；❸在打开的【插入函数】对话框中，选择【SUMIF】函数；❹单击【确定】按钮。

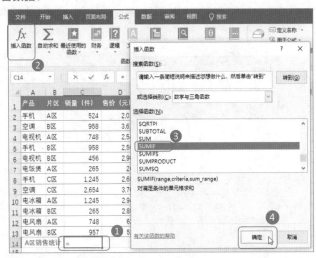

图9-1　选择函数

Step02：设置函数参数。如图9-2所示，❶在打开的【函数参数】对话框中，设置SUMIF函数的参数。将光标插入【Range】文本框，选择【B2:B13】单元格区域，表示该区域为条件区域，在【Criteria】文本框中输入【"A区"】，表示判定条件，在【Sum_range】文本框中输入【C2:C13】，表示实际求和区域；❷单击【确定】按钮。

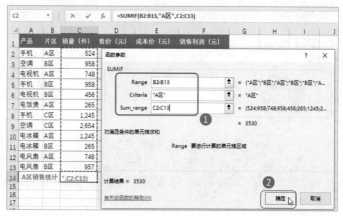

图9-2　设置函数参数

温馨提示

在【函数参数】对话框中，**单元格的引用位置可以在英文输入状态下手动输入**，也可以**插入光标后，再在表格中按住鼠标左键不放，拖动选择单元格区域。**

Step03：完成A区销量计算。完成函数参数设置后，如图9-3所示，【C14】单元格中显示了A区销量计算结果。

Step04：用同样的方法，可以完成A区销售利润统计，结果如图9-4所示。

产品	片区	销量（件）	售价（元）	成本价（元）	销售利润（元）
手机	A区	524	2,010	1,000	529,240
空调	B区	958	3,612	800	2,693,896
电视机	A区	748	2,541	1,200	1,003,068
手机	B区	958	2,500	1,000	1,437,000
电视机	B区	456	2,900	1,200	775,200
电饭煲	A区	265	269	98	45,315
手机	C区	1,245	2,680	1,000	2,091,600
空调	C区	2,654	3,700	1,300	6,369,600
电冰箱	A区	1,245	2,948	1,300	2,051,760
电冰箱	B区	265	2,854	1,300	411,810
电风扇	A区	748	624	189	325,380
电风扇	B区	957	526	189	322,509
A区销售统计		3530			

图9-3　完成A区销量计算

产品	片区	销量（件）	售价（元）	成本价（元）	销售利润（元）
手机	A区	524	2,010	1,000	529,240
空调	B区	958	3,612	800	2,693,896
电视机	A区	748	2,541	1,200	1,003,068
手机	B区	958	2,500	1,000	1,437,000
电视机	B区	456	2,900	1,200	775,200
电饭煲	A区	265	269	98	45,315
手机	C区	1,245	2,680	1,000	2,091,600
空调	C区	2,654	3,700	1,300	6,369,600
电冰箱	A区	1,245	2,948	1,300	2,051,760
电冰箱	B区	265	2,854	1,300	411,810
电风扇	A区	748	624	189	325,380
电风扇	B区	957	526	189	322,509
A区销售统计		3530			3954763

图9-4　完成销售利润计算

技能升级

SUMIF函数可以根据条件进行汇总。在本小节案例中，如果想对销量大于500的商品销量进行汇总，其函数表达式为【=SUMIF(C2:C13,">500",C2:C13)】；如果想汇总销量大于500的商品销售利润，其函数表达式为【=SUMIF(C2:C13,">500",F2:F13)】。

2 SUMIFS函数多条件求和

语法规则

函数语法：= SUMIFS(sum_range, criteria_range1, criteria1, [criteria_range2, criteria2], ...)。

参数说明如下。

☆ sum_range（必选）：要求和的单元格区域。

☆ criteria_range1（必选）：与第一个求和条件关联的区域。

☆ criteria1（必选）：第一个求和条件。

☆ criteria_range2, criteria2,...（可选）：其他求和区域及求和条件。最多允许 127 个区域/条件对进行求和。

下面以【销售统计.xlsx】文件中的【表2】为例，讲解SUMIFS多条件求和函数的用法。在表中，需要将销量大于500件且售价大于2500元的商品销售利润汇总出来，这里有两个条件。

📢 Step01： 如图9-5所示，❶选中【F14】单元格；❷单击【插入函数】按钮；❸在【插入函数】对话框中选择【SUMIFS】函数；❹单击【确定】按钮。

图9-5 选择函数

Step02：设置函数参数。如图9-6所示，❶在【函数参数】对话框中设置函数参数，其中，【Sum_range】文本框中选择需要进行汇总计算的销售利润单元格区域，【Criteria_range1】文本框中选择销量区域，【Criteria1】文本框中输入对销量的条件限定，以此类推；❷单击【确定】按钮。

图9-6　设置函数参数

Step03：完成函数参数设置后，关闭【函数参数】对话框就可以实现多条件计算，效果如图9-7所示。

图9-7　完成计算

3　SUMPRODUCT求乘积之和

语法规则

函数语法：= SUMPRODUCT([array1], [array2], [array3], ...)。

参数说明如下。

☆　array1（必选）：其相应元素需要进行相乘并求和的第一个数组参数。

☆　array2, array3,...（可选）：第2到255个数组参数，其相应元素需要进行相乘并求和。

下面以【销售统计.xlsx】文件中的【表3】为例，讲解SUMPRODUCT函数求乘积之和。

表格中需要统计所有仓库的发货总金额，就是每个仓库的发货金额相加，每个仓库的发货金额=发货次数 × 每次发货量 × 货物单价。但是发货次数和发货量存在"暂未统计"这样的文字，所以无法用数组公式解决。但是在使用SUMPRODUCT函数时，如果表格中存在非数值，此函数会将非数值的数组元素作为0处理。

Step01：选择函数。如图9-8所示，❶选中【D14】单元格，❷单击【插入函数】按钮，❸在【插入函数】对话框中选择【SUMPRODUCT】函数，❹单击【确定】按钮。

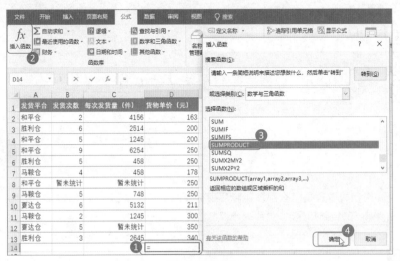

图9-8　选择函数

Step02：设置函数参数。如图9-9所示，❶在【函数参数】对话框中，输入发货次数的单元格区域【B2:B13】、每次发货量区域【C2:C13】、货物单价单元格区域【D2:D13】，❷单击【确定】按钮。

Step03：查看结果。完成函数参数设置关闭对话框后，即可看到计算结果，如图9-10所示。

图9-9　设置函数参数

图9-10　完成计算

温馨提示

SUMPRODUCT函数在引用时有一定的规范。首先，**引用的区域大小要一致**，否则会返回【#VALUE！】错误，例如【=SUMPRODUCT(A2:A6,B2:B5)】，两个区域大小不一致；其次，**不能整列引用**，例如【=SUMPRODUCT(A:A,B:B)】，会返回【#NUM！】错误。

 4个计数函数分不清就会出错

 小 强

赵哥，快帮我看看这是怎么回事？我要根据商品的名称统计商品数量，可是用之前学会的COUNT函数，得出的结果却是0，是我的计算机出问题了吗？

 赵 哥

小强，这次我要说你学艺不精了。计数函数不只一个，要视情况来选择。**COUNT函数是计算包含数字的单元格个数**。如果你要计算包含文字的单元格个数，就要用**COUNTA函数**，该函数用来计算非空单元格的个数。

此外，我再补充两个计数函数，**COUNTIF函数**，该函数可以按1个条件统计单元格的个数；**COUNTIFS函数**，该函数可以计算满足多个条件的单元格个数。

 COUNTA函数统计非空单元格个数

语法规则

函数语法：= COUNTA(value1, [value2], ...)。

参数说明如下。

☆ value1（必选）：表示要计数的值的第一个参数。

☆ value2（可选）：表示要计数的值的其他参数，最多可包含 255 个参数。

下面以【数量统计.xlsx】文件中的【签到统计】表为例，讲解如何用COUNTA函数统计签到人员和未签到人员的数量。

Step01：计算已签到人数。如图9-11所示，在【B11】单元格中输入函数【=COUNTA(A2:A10】，按【Enter】键即可计算出有多少位签到人员。

Step02：计算未签到人数。如图9-12所示，在【B12】单元格中输入函数【=COUNTA(B2:B10】，按【Enter】键即可计算出有多少位没有签到的人员。

图9-11　计算已签到人数　　　　　　　　图9-12　计算未签到人数

2　COUNTIF函数统计符合单个条件的单元格个数

语法规则

函数语法：= COUNTIF(range, criteria)。

参数说明如下。

☆ range（必选）：要统计数量的一个或多个单元格。

☆ criteria（必选）：统计条件。用于定义将对哪些单元格进行计数的数字、表达式、单元格引用或文本字符串。例如，条件可以表示为 32、">32"、B4、"苹果" 或 "32"。

下面以【数量统计.xlsx】文件中的【赠品统计】表为例，讲解如何用COUNTIF函数根据指定的条件统计数据。在表中不同的客户领了不同的赠品，现在需要统计有多少位客户领了2台及以上的计算机，有多少位客户领了3份及以上的卫生纸。

Step01：编辑函数。如图9-13所示，❶选中【G2】单元格，❷打开COUNTIF函数的【函数参数】对话框，在【Range】文本框中输入B列数据范围，然后设置【Criteria】条件为【>=2】，❸单击【确定】按钮。

图9-13　编辑函数（1）

Step02：编辑函数。如图9-14所示，❶选中【H2】单元格，❷打开COUNTIF函数的【函数参数】对话框，在【Range】文本框中输入F列数据范围，然后设置【Criteria】条件为【>=3】，❸单击【确定】按钮。

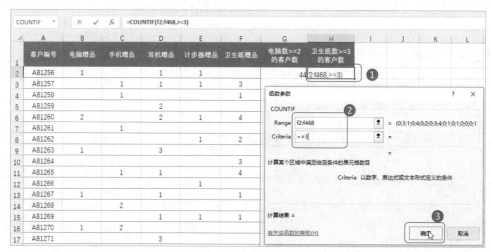

图9-14　编辑函数（2）

Step03：查看完成运算的结果。如图9-15所示，完成了领用计算机赠品数大于等于2的客户数量统计，及领用卫生纸赠品数大于等于3的客户数量统计。

H2			fx	=COUNTIF(F2:F468,">=3")				
	A	B	C	D	E	F	G	H
1	客户编号	电脑赠品	手机赠品	耳机赠品	计步器赠品	卫生纸赠品	电脑数>=2的客户数	卫生纸数>=3的客户数
2	AB1256	1		1	1		44	68
3	AB1257		1	1	1	3		
4	AB1258		1			1		
5	AB1259			2				
6	AB1260	2		2	1	4		
7	AB1261		1					

图9-15　计算结果

技 能 升 级

　　COUNTIF函数可按条件计算单元格的个数，它的功能十分强大。例如：① **求文本型单元格个数**，=COUNTIF(数据区,"*")，假空单元格也是文本型单元格；② **求等于【E5】单元格值的单元格个数**，=COUNTIF(数据区,$E$5)；③ **求包含B的单元格个数**，=COUNTIF(数据区,"*B*")。

3 COUNTIFS函数统计满足多个条件的单元格个数

语法规则

　　函数语法：=COUNTIFS(criteria_range1,criteria1,[criteria_range2,criteria2]...)。

　　参数说明如下。

☆　criteria_range1（必选）：第一个需要统计的满足第一个条件的单元格区域。

☆　criteria1（必选）：与第一个区域关联的第一个条件。

☆　criteria_range2,criteria2,...（可选）：其他要统计的区域和关联的条件。最多允许127个区域/条件对。

　　下面以【数量统计.xlsx】文件中的【客户统计】表为例，讲解如何用COUNTIFS函数根据指定的多个条件统计数据。表中记录了客户的性别和平均消费金额数据，只有平均消费金额大于等于2000元的女性客户才是优质客户，需要将优质客户数量统计出来。

　　Step01：插入函数。如图9-16所示，❶选中【E2】单元格，❷单击【插入函数】按钮，❸从【插入函数】对话框中选择【COUNTIFS】函数，❹单击【确定】按钮。

图9-16　插入函数

Step02： 设置函数参数。如图9-17所示，❶在【函数参数】对话框中进行参数设置，❷单击【确定】按钮。

Step03： 查看结果。关闭对话框后，可以看到计算结果如图9-18所示。

图9-17　设置函数参数

图9-18　完成计算

9.1.3 用这3个均值函数解决80%的平均问题

小强

　　学习了求和函数和计数函数，我找到了一些规律，求平均值函数是AVERAGE，那么**根据1个条件求平均值就是AVERAGEIF函数，根据多个条件求平均值就是AVERAGEIFS函数**。而且根据条件求平均值函数的语法和用法与根据条件求和、计数函数的语法和用法相同。这样记，我就不会混淆函数啦！

下面以【销量表.xlsx】为例，讲解如何用三个不同的平均值函数求不同条件下的平均值。

Step01：求所有商品的销量平均值。如图9-19所示，在【C19】单元格中输入函数【=AVERAGE(D2:D18)】，按【Enter】键即可计算出所有商品的销量平均值。

Step02：求A区销售商品的销量平均值。如图9-20所示，在【C20】单元格中输入函数【=AVERAGEIF(B2:B18,"A区",D2:D18)】，按【Enter】键即可计算出A区商品的平均销量。

图9-19 计算所有商品平均销量

图9-20 计算A区商品平均销量

Step03：求A区张强业务的销量平均值。如图9-21所示，在【C21】单元格中输入函数【=AVERAGEIFS(D2:D18,B2:B18,"A区",C2:C18,"张强")】，按【Enter】键即可计算出A区张强业务员的平均销量。

图9-21 计算A区张强业务员的平均销量

按条件找出最大值/最小值

小 强

　　Excel真是强大的工具，考虑到了实际工作会出现的各种情况。我之前已经学习过求最大值和最小值的函数MAX和MIN。当**需要求第n大的值和第n小的值**时，却不能用这两个函数，而是用**LARGE和SMALL函数**。

语法规则

　　函数语法：= LARGE(array,k)。

　　参数说明如下。

　　☆　array（必选）：需要确定第 k 个最大值的数组或数据区域。

　　☆　k（必选）：返回值在数组或数据单元格区域中的位置（从大到小排）。

语法规则

　　函数语法：= SMALL(array, k)。

　　参数说明如下。

　　☆　array（必选）：需要找到第 k 个最小值的数组或数字型数据区域。

　　☆　k（必选）：要返回的数据在数组或数据区域里的位置（从小到大排）。

　　下面以【业绩统计.xlsx】表为例，讲解如何求排名第3的数据、倒数第2名的数据，以及配和嵌套函数求倒数第5名的业务员姓名。

📢Step01：求第3名销售金额。如图9-22所示，在【C13】单元格中输入函数【=LARGE(D3:D12,3)】，该函数表示在【D3:D12】单元格区域查找第3大的数值。按【Enter】键即可返回第3大的金额数据。

📢Step02：求倒数第2名销售金额。如图9-23所示，在【C14】单元格中输入函数【=SMALL(D3:D12,2)】，按【Enter】键即可返回倒数第2名的金额数据。

图9-22 求第3名销售金额

图9-23 求倒数第2名销售金额

Step03：求倒数第5名的业务员姓名。如图9-24所示，在【C15】单元格中输入函数【=LOOKUP(SMALL(D2:D12,5),D2:D12,A2:A12)】。该函数表示，在【D2:D12】单元格区域内找到排名倒数第5的数据后，返回【A2:A12】区域对应的姓名。按【Enter】键后，就能得到销售额倒数第5的业务员姓名。

图9-24 求倒数第5名业务员姓名

9.2 使用函数来排序，谁高谁低一目了然

张总

　　小强，对数据排序也是常用的数据分析方法之一，但是你在之前的工作中，几乎没对数据进行过排序。这几天要分析营收数据，你记得使用排序思维来分析数据特征。

对数据排序？我确实没用过。我之前都将重心放到数据的计算问题上，看来我还需要学习与排序相关的函数。

 常规排名，不要只会RANK函数

小 强

我总是将问题想得太简单，一遇到实际问题才发现考虑得不够。**RANK函数最常用的是求某一个数值在某一区域内排名的函数**。我迫不及待地开始分析营业额，谁知当我想根据条件进行排序时，RANK函数就不够用了。我需要换种思路，使用SUMPRODUCT函数来排序。

语法规则

函数语法：=rank(number,ref,[order])

参数说明如下。

☆ number（必选）：为需要排名的那个数值或者单元格名称（单元格内必须为数字）。

☆ ref（必选）：数字列表数组或对数字列表的引用。Ref中的非数值型值将被忽略。

☆ Order（可选）：数字，指明数字排位的方式。如果order为0（零）或省略，Microsoft Excel对数字的排位是基于ref为按照降序排列的列表；如果order不为零，Microsoft Excel对数字的排位是基于ref为按照升序排列的列表。

下面以【营业额.xlsx】表为例，讲解如何对所有销售员的销售额排名，以及对同一店铺的不同销售员的销售额进行排名。

Step01：输入函数。如图9-25所示，在【D2】单元格中输入函数【=RANK(C2,$C$2:$C$9)】，按【Enter】键即可计算出第一位销售员的排名。

	A	B	C	D	E
1	店铺名称	销售员	销售额（元）	所有销售员业绩排名	同店铺销售员业绩排名
2	长宁店	张强	1254.65	=RANK(C2,$C$2:$C$9)	
3	长宁店	李乐乐	12546.26		
4	进宝店	赵桓	52459.62		
5	进宝店	陈学东	95465.62		
6	进宝店	周天文	52458.25		
7	万福店	王磊	12546.25		
8	万福店	罗丽	2625.25		
9	万福店	王舒	9654.65		

图9-25 对所有销售员的业绩进行排名

Step02： 输入函数。如图9-26所示，在【E2】单元格中输入函数【=SUMPRODUCT((($A$2:$A$9=A2)*($C$2:$C$9>C2))+1】，按【Enter】键即可计算出第一个店铺第一位销售员的销售额排序。

	A	B	C	D	E	F
1	店铺名称	销售员	销售额（元）	所有销售员业绩排名	同店铺销售员业绩排名	
2	长宁店	张强	1254.65	=SUMPRODUCT((($A$2:$A$9=A2)*($C$2:$C$9>C2))+1		
3	长宁店	李乐乐	12546.26			
4	进宝店	赵桓	52459.62			
5	进宝店	陈学东	95465.62			
6	进宝店	周天文	52458.25			
7	万福店	王磊	12546.26			
8	万福店	罗丽	2625.25			
9	万福店	王舒	9654.65			

图9-26　对同店铺不同销售员业绩进行排名

Step03： 设置条件格式。在D列和E列往下复制函数，就完成了营业额排名。为了突出显示排名，如图9-27所示，❶选中【D2:D9】单元格区域；❷选择【开始】选项卡下的【条件格式】菜单中的【色阶】选项；❸选择【绿-白色阶】。此时选中的单元格会显示应用这种格式的效果。

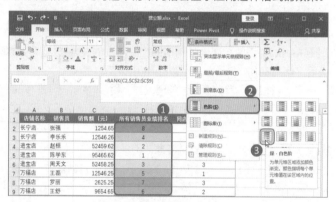

图9-27　添加色阶

Step04： 完成色阶设置。用同样的方法，为E列继续设置色阶，效果如图9-28所示，此时不仅能看到销售员的销售额排名，还能根据填充的颜色快速判断排名所在的位置。

	A	B	C	D	E
1	店铺名称	销售员	销售额（元）	所有销售员业绩排名	同店铺销售员业绩排名
2	长宁店	张强	1254.65	8	2
3	长宁店	李乐乐	12546.26	4	1
4	进宝店	赵桓	52459.62	2	2
5	进宝店	陈学东	95465.62	1	1
6	进宝店	周天文	52458.25	3	3
7	万福店	王磊	12546.26	5	1
8	万福店	罗丽	2625.25	7	3
9	万福店	王舒	9654.65	6	2

图9-28　查看表格排名效果

9.2.2 对营业额排名也要分情况

赵哥，我又开始犯糊涂了。RANK函数是求排名的函数，可是这RANK.EQ函数和RANK.AVG函数又是什么函数呀？

小强，这个确实容易让人混淆，你只需要记住以下两点就行。

（1）**RANK函数=RANK.EQ函数**，两者作用相同，只不过RANK函数是老版本Excel软件中的函数，而Excel 2010版后，就用RANK.EQ函数来代替RANK函数了。

（2）当出现要排名的数据中，有数值相同的情况时，**用RANK.EG求得的是最佳排名**，用RANK.AVG求得的是平均排名。你可以具体比较一下两种排名方式，这样就很清楚它们的异同点了。

下面以【3月和4月营业额.xlsx】文件为例，求营业额的最佳排名和平均值排名。

📢 Step01：求最佳排名。在【3月】表中，如图9-29所示，要排名的营业额数据不存在数据相同的情况，所以使用RANK.EQ函数。在【E2】单元格中输入函数【=RANK.EQ(D2,D$2:D$12)】。

	CHOOSE	▼	:	×	✓	fx	=RANK.EQ(D2,D$2:D$12)	

	A	B	C	D	E
1	店铺编号	销量（件）	售价（元）	营业额（元）	营业额排名
2	MN524	524	¥65.00		=RANK.EQ(D2,D$2:D$12)
3	MN525	526	¥95.00	¥49,970.00	
4	MN526	658	¥74.00	¥48,692.00	
5	MN527	745	¥85.00	¥63,325.00	
6	MN528	658	¥95.00	¥62,510.00	
7	MN529	954	¥502.00	¥478,908.00	
8	MN530	654	¥54.00	¥35,316.00	
9	MN531	425	¥32.00	¥13,600.00	
10	MN532	659	¥52.00	¥34,268.00	
11	MN533	754	¥41.00	¥30,914.00	
12	MN534	425	¥52.00	¥22,100.00	

图9-29 求最佳排名

📢 Step02：完成最佳排名。往下复制函数，就能求出不同店铺的营业额排名，结果如图9-30所示。

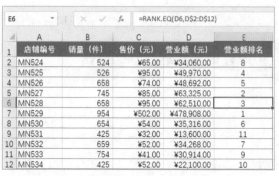

	A	B	C	D	E
1	店铺编号	销量（件）	售价（元）	营业额（元）	营业额排名
2	MN524	524	¥65.00	¥34,060.00	8
3	MN525	526	¥95.00	¥49,970.00	4
4	MN526	658	¥74.00	¥48,692.00	5
5	MN527	745	¥85.00	¥63,325.00	2
6	MN528	658	¥95.00	¥62,510.00	3
7	MN529	954	¥502.00	¥478,908.00	1
8	MN530	654	¥54.00	¥35,316.00	6
9	MN531	425	¥32.00	¥13,600.00	11
10	MN532	659	¥52.00	¥34,268.00	7
11	MN533	754	¥41.00	¥30,914.00	9
12	MN534	425	¥52.00	¥22,100.00	10

图9-30　完成最佳排名

Step03：求平均值排名。切换到【4月】表中，可以看到营业额存在数值相同的情况。可以选择用RANK.AVG函数求平均值排名。如图9-31所示，在【E2】单元格中输入函数【=RANK.AVG(D2,D$2:D$12)】，往下复制函数即可得到店铺的营业额平均值排名。

E2　fx　=RANK.AVG(D2,D$2:D$12)

	A	B	C	D	E
1	店铺编号	销量（件）	售价（元）	营业额（元）	营业额排名
2	MN524	256	¥65.00	¥16,640.00	10
3	MN525	625	¥625.00	¥390,625.00	1
4	MN526	425	¥4.00	¥1,700.00	11
5	MN527	265	¥85.00	¥22,525.00	5
6	MN528	425	¥95.00	¥40,375.00	3
7	MN529	656	¥502.00	¥329,312.00	2
8	MN530	411	¥54.00	¥22,194.00	8
9	MN531	411	¥54.00	¥22,194.00	8
10	MN532	526	¥52.00	¥27,352.00	4
11	MN533	542	¥41.00	¥22,222.00	6
12	MN534	325	¥52.00	¥16,900.00	9

图9-31　求平均值排名

Step04：比较平均值排名与最佳排名。在F列计算出最佳排名。通过比较可以发现，E列的平均值排名中，当数据相同时，取的是排名的平均数，如排名7和排名8，平均值为7.5，约等于8。而F列将数值相同的数据当成同一数据进行排名，如图9-32所示。

F2　fx　=RANK.EQ(D2,D$2:D$12)

	A	B	C	D	E	F
1	店铺编号	销量（件）	售价（元）	营业额（元）	营业额排名	rank.eq排名
2	MN524	256	¥65.00	¥16,640.00	10	10
3	MN525	625	¥625.00	¥390,625.00	1	1
4	MN526	425	¥4.00	¥1,700.00	11	11
5	MN527	265	¥85.00	¥22,525.00	5	5
6	MN528	425	¥95.00	¥40,375.00	3	3
7	MN529	656	¥502.00	¥329,312.00	2	2
8	MN530	411	¥54.00	¥22,194.00	8	7
9	MN531	411	¥54.00	¥22,194.00	8	7
10	MN532	526	¥52.00	¥27,352.00	4	4
11	MN533	542	¥41.00	¥22,222.00	6	6
12	MN534	325	¥52.00	¥16,900.00	9	9

图9-32　比较平均值排名与最佳排名

9.2.3 统计销售额的百分比排名

小 强

数据分析关键要明白不同的统计概念。今天我在分析销售额时，又发现一个统计概念——**百分比排名。这个数据可以用来衡量数据所占的权重，用到的函数是PERCENTRANK. INC。**

同一批商品在A、B两店销售，如果用RANK.EQ函数统计两个店铺不同商品的销量排名，两者的比较意义不大。因为店铺的位置不同、业务员不同、售价不同，不能说明销量差的商品就不受消费者欢迎。如果用PERCENTRANK.INC函数计算不同商品在本店铺中的百分比排名，就可以看出该商品在店铺中的畅销程度究竟排在什么水平。

下面以【百分比排名.xlsx】表为例，讲解如何作出销量的百分比排名。

Step01：计算百分比排名。如图9-33所示，在【B2】单元格中输入函数【=PERCENTRANK. INC(B$2:B$12,B2)】，按【Enter】键即可计算出该商品的百分比排名。

	A	B	C	D	E
	CHOOSE			fx	=PERCENTRANK.INC(B$2:B$12,B2)
1	商品编号	A店销量	A店百分比排名	B店销量	B店百分比排名
2	MN524	=PERCENTRANK.INC(B$2:B$12,B2)		125	
3	MN525	526		265	
4	MN526	658		452	
5	MN527	745		625	
6	MN528	658		452	
7	MN529	954		654	
8	MN530	654		125	
9	MN531	425		625	
10	MN532	659		415	
11	MN533	754		256	
12	MN534	425		265	

图9-33 计算A店百分比排名

Step02：打开格式设置对话框。如图9-34所示，❶往下复制函数，并选中完成计算的百分比排名结果，❷单击【数字】组中的对话框启动器按钮。

Step03：设置数字格式。如图9-35所示，❶选择【百分比】类型，❷设置小数位数为【2】，❸单击【确定】按钮。

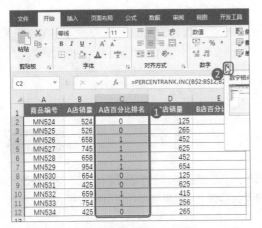

图9-34 打开格式设置对话框

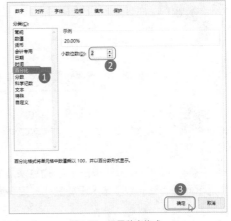

图9-35 设置数字格式

Step04：比较两个店铺的百分比排名。用同样的方法在E列完成B店商品的销量百分比排名，结果如图9-36所示。通过图中的结果可以分析出商品的销量权重。如MN526商品在A店中的百分比排名为50.00%，表明这个商品在A店中的销量比50%的商品销量都高；而该商品在B店中的百分比排名是60%，表明该商品在B店中的销量比60%的商品销量都高。可见MN526商品在B店的销量权重更大一点。

商品编号	A店销量	A店百分比排名	B店销量	B店百分比排名
MN524	524	20.00%	125	0.00%
MN525	526	30.00%	265	30.00%
MN526	658	50.00%	452	60.00%
MN527	745	80.00%	625	80.00%
MN528	658	50.00%	452	60.00%
MN529	954	100.00%	654	100.00%
MN530	654	40.00%	125	0.00%
MN531	425	0.00%	625	80.00%
MN532	659	70.00%	415	0.00%
MN533	754	90.00%	256	20.00%
MN534	425	0.00%	265	30.00%

图9-36 比较A、B店百分比排名

9.3 精度问题，数据再小也不轻视

张 总

小强，接下给你的任务需要更加仔细，因为最后要交给财务人员核对，即使是相差0.001也不行。

小 强

张总，这听起来很简单，我只需要注意设置数字格式，按要求保留小数就行。

赵 哥

小强，凡事不要想得太简单。**通过设置单元格的数字格式控制数字的小数位数，这解决的只是显示问题，其实数字本身没有变化。只有通过取舍函数，才能准确地控制数据位数，让数据本身与显示结果一致。**

 9.3.1 四大必学四舍五入函数

赵 哥

根据实际需求不同，取舍函数的选择也不同。通常情况下，有四种常用取舍函数。
ROUND函数用来对单元格的数值按照指定小数位数进行四舍五入；INT函数用来对单元格的数值取整数；ROUNDUP函数用来对单元格数值保留指定的小数位数，舍去的部分向上进位；ROUNDDOWN函数用来对单元格数值保留指定的小数位数，舍去部分向下舍入。

 1 ROUND函数保留特定的小数位数

语法规则

函数语法：= ROUND(number, num_digits)。

参数说明如下。

☆ number（必选）：要四舍五入的数字。

☆ num_digits（必选）：位数，按此位数对 number 参数进行四舍五入。

下面以【取舍函数.xlsx】文件中的【生产表】为例，讲解如何用ROUND函数保留特定小数位数取舍。

Step01：输入函数。如图9-37所示，在【D2】单元格中输入函数【=ROUND(C2,2)】。

Step02：完成取舍。按【Enter】键后往下复制函数，则完成了数据取舍，结果如图9-38所示。

	A	B	C	D
1	商品编号	操作员	重量（g）	重量（保留2位小数）
2	BYU2015	张强	1.256654	=round(C2,2)
3	BYU2016	李奇	2.2654455	
4	BYU2017	刘乐乐	5.25465	
5	BYU2018	罗梦	2.2654256	
6	BYU2019	李东	2.32655	
7	BYU2020	赵桓	2.26542	
8	BYU2021	张天	0.26545	
9	BYU2022	李小容	1.126586	
10	BYU2023	王丽	2.26545	
11	BYU2024	赵兰	2.69578	
12	BYU2025	周文	1.12565	
13	BYU2026	张倩	2.32654	
14	BYU2027	高黄山	2.12565	
15	BYU2028	张英	1.26597	

图9-37　输入函数

D9 | =ROUND(C9,2)

	A	B	C	D
1	商品编号	操作员	重量（g）	重量（保留2位小数）
2	BYU2015	张强	1.256654	1.26
3	BYU2016	李奇	2.2654455	2.27
4	BYU2017	刘乐乐	5.25465	5.25
5	BYU2018	罗梦	2.2654256	2.27
6	BYU2019	李东	2.32655	2.33
7	BYU2020	赵桓	2.26542	2.27
8	BYU2021	张天	0.26545	0.27
9	BYU2022	李小容	1.126586	1.13
10	BYU2023	王丽	2.26545	2.27
11	BYU2024	赵兰	2.69578	2.7
12	BYU2025	周文	1.12565	1.13
13	BYU2026	张倩	2.32654	2.33
14	BYU2027	高黄山	2.12565	2.13
15	BYU2028	张英	1.26597	1.27

图9-38　完成保留2位小数的取舍

2 INT函数取整数

语法规则

函数语法：= INT(number)。

参数说明如下。

number（必选）：需要进行向下舍入取整的实数。

下面以【取舍函数.xlsx】文件中的【生产表】为例，讲解如何用INT函数取整数。

如图9-39所示，在【E2】单元格中输入函数【=INT(C2)】，按【Enter】键后往下复制函数，即可对C列数据进行取整，结果如图9-39所示。

E2 | =INT(C2)

	A	B	C	D	E
1	商品编号	操作员	重量（g）	重量（保留2位小数）	重量（整）
2	BYU2015	张强	1.256654	1.26	1
3	BYU2016	李奇	2.2654455	2.27	2
4	BYU2017	刘乐乐	5.25465	5.25	5
5	BYU2018	罗梦	2.2654256	2.27	2
6	BYU2019	李东	2.32655	2.33	2
7	BYU2020	赵桓	2.26542	2.27	2
8	BYU2021	张天	0.26545	0.27	0
9	BYU2022	李小容	1.126586	1.13	1
10	BYU2023	王丽	2.26545	2.27	2
11	BYU2024	赵兰	2.69578	2.7	2
12	BYU2025	周文	1.12565	1.13	1
13	BYU2026	张倩	2.32654	2.33	2
14	BYU2027	高黄山	2.12565	2.13	2
15	BYU2028	张英	1.26597	1.27	1

图9-39　取整数

3 **ROUNDUP函数向上取舍数据**

语法规则

函数语法：= ROUNDUP(number, num_digits)。

参数说明如下。

☆ number（必选）：需要向上舍入的任意实数。

☆ num_digits（必选）：四舍五入后的数字的位数。

下面以【取舍函数.xlsx】文件中的【销售表】为例，讲解如何用ROUNDUP函数向上取舍数据。

如图9-40所示，在【E2】单元格中输入函数【=ROUNDUP(D2,2)】，按【Enter】键后往下复制函数，即可对D列数据保留2位小数向上取舍，结果如图9-40所示。

	A	B	C	D	E	F
1	商品编号	重量（克）	售价（元/克）	销售额（元）	保留2位小数向上取舍	保留2位小数向下取舍
2	BY125	2.546	65.5	166.763	166.77	
3	BY126	3.264	95.8	312.6912	312.7	
4	BY127	6.264	56.58	354.41712	354.42	
5	BY128	5.456	96.58	526.94048	526.95	
6	BY129	6.957	98.58	685.82106	685.83	
7	BY130	5.654	59.69	337.48726	337.49	
8	BY131	5.629	60.55	340.83595	340.84	
9	BY132	8.125	5.55	45.09375	45.1	
10	BY133	6.546	65.56	429.15576	429.16	
11	BY134	5.6547	65.59	370.891773	370.9	
12	BY135	5.156	58.59	302.09004	302.1	
13	BY136	5.268	69.58	366.54744	366.55	
14	BY137	5.1587	56.54	291.672898	291.68	

E2 单元格公式：=ROUNDUP(D2,2)

图9-40　向下取舍

温馨提示

如果常参数num_digits大于0，则ROUNDUP函数将向上舍入到指定的小数位；如果参数num_digits等于0，则ROUNDUP函数将向上舍入到最接近的整数。

4 **ROUNDDOWN函数向下取舍数据**

语法规则

函数语法：= ROUNDDOWN(number, num_digits)。

参数说明如下。

☆ number（必选）：需要向下舍入任意实数。

☆　num_digits（必选）：四舍五入后的数字的位数。

下面以【取舍函数.xlsx】文件中的【销售表】为例，讲解如何用ROUNDDOWN函数向下取舍数据。

如图9-41所示，在【F2】单元格中输入函数【=ROUNDDOWN(D2,2)】，按【Enter】键后往下复制函数，即可对D列数据保留2位小数向下取舍，结果如图9-41所示。

	A	B	C	D	E 保留2位小数向上取舍	F 保留2位小数向下取舍
1	商品编号	重量（克）	售价（元/克）	销售额（元）		
2	BY125	2.546	65.5	166.763	166.77	166.76
3	BY126	3.264	95.8	312.6912	312.7	312.69
4	BY127	6.264	56.58	354.41712	354.42	354.41
5	BY128	5.456	96.58	526.94048	526.95	526.94
6	BY129	6.957	98.58	685.82106	685.83	685.82
7	BY130	5.654	59.69	337.48726	337.49	337.48
8	BY131	5.629	60.55	340.83595	340.84	340.83
9	BY132	8.125	5.55	45.09375	45.1	45.09
10	BY133	6.546	65.56	429.15576	429.16	429.15
11	BY134	5.6547	65.59	370.891773	370.9	370.89
12	BY135	5.156	58.59	302.09004	302.1	302.09
13	BY136	5.268	69.58	366.54744	366.55	366.54
14	BY137	5.1587	56.54	291.672898	291.68	291.67

图9-41　向下取舍

9.3.2　再学两个函数，除法整数和余数轻松取

赵哥，我在统计采购表时，遇到一个"特殊"的取舍问题。我需要取除法的整数和余数，以计算预算金额能采购多少设备、剩余多少钱。

小强，你的问题也可以用取舍函数来解决，不过要用除法相关的取舍函数。**用QUOTIENT函数可以返回商的整数部分，该函数可用于舍掉商的小数部分；用MOD函数可以返回两数相除的余数部分。**

QUOTIENT 函数和 MOD 函数语法结构相同，下面是它们具体的语法。
语法规则

函数语法：= QUOTIENT (numerator,denominator)。

=MOD (numerator,denominator)。

参数说明如下。

☆ numerator（必选）：被除数。

☆ denominator（必选）：除数。

下面以【采购表.xlsx】为例，讲解如何取除法中的整数和余数。

📢 Step01：取除法整数。如图9-42所示，在【D2】单元格中输入函数【=QUOTIENT(B2,C2)】，按【Enter】键往下复制，即可计算出不同设备的预计购买数。

	A	B	C	D	E
1	设备名称	预算（元）	采购单价（元）	预计购买数	余额（元）
2	打印机	35654	8456	4	
3	扫描仪	42565	6254	6	
4	复印机	36524	6354	5	
5	投影仪	15246	2365	6	
6	笔记本	62456	3625	17	

图9-42　取除法整数

📢 Step02：取除法余数。如图9-43所示，在【E2】单元格中输入函数【=MOD(B2,C2)】，按【Enter】键往下复制，即可计算出购买不同设备还能剩余多少钱。

	A	B	C	D	E
1	设备名称	预算（元）	采购单价（元）	预计购买数	余额（元）
2	打印机	35654	8456	4	1830
3	扫描仪	42565	6254	6	5041
4	复印机	36524	6354	5	4754
5	投影仪	15246	2365	6	1056
6	笔记本	62456	3625	17	831

图9-43　取除法余数

9.4　概率问题，算得越准越好

张 总

　　小强，为了更好地控制成本与利润数据，接下来需要你统计一下概率问题。例如，我们的目标消费者集中在哪个年龄段、消费者最喜欢的商品是什么等。

概率也能用函数计算吗？这听起来很神奇，我迫不及待地想学习一下了。

 统计购物消费者出现频率最高的年龄

小强

　　用FREQUENCY函数统计数据分布频率很方便，轻松一算，就可以看出目标消费者集中在哪个年龄段。FREQUENCY函数可以计算数据在区间内出现的个数，但是该函数必须以数组的形式输入。

语法规则

　　函数语法：**=FREQUENCY(data_array,bins_array)**。

　　参数说明如下。

　　☆　data_array（必选）：是一个数组或对一组数值的引用，要为它计算频率。

　　☆　bins_array（必选）：是一个区间数组或对区间的引用，该区间用于对 data_array 中的数值进行分组。

　　下面以【消费者年龄统计.xlsx】为例，讲解如何将收集到的消费者年龄用FREQUENCY函数分段，并制作成图表。

📢 Step01：设置分段区间。如图9-44所示，在E列根据实际情况设置年龄分段区间，这里以5岁为一个单位进行区间设置。

📢 Step02：以数组形式输入函数。如图9-45所示，选中【F2:F6】单元格区域，输入函数【=FREQUENCY(C2:C66,E2:E6)】。表示要根据【E2:E6】设置的区间对【C2:C66】的客户年龄进行频率统计。

📢 Step03：完成统计。输入函数后，按【Ctrl+Shift+Enter】组合键，即可完成频率统计，结果如图9-46所示。

📢 Step04：将统计结果制作成图表。如果统计结果需要进行展示，可以制作成图表，结果如图9-47所示，这样可以更直观地对不同年龄区间的客户数进行比较。

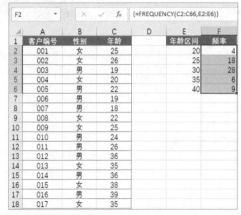

图9-44 设置分段区间

图9-45 以数组形式输入函数

图9-46 完成统计

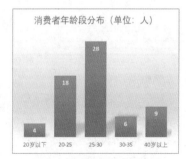

图9-47 将统计结果制作成图表

9.4.2 找出消费者投票数最高的商品

 小 强

　　张总说收到了200位客户对商品的投票统计结果，让我分析一下看什么商品最受欢迎。我正发愁的时候，突然想到既然有统计频率的函数，肯定也有统计出现次数最多的函数。MODE.MULT函数可以用来找出一组数据中出现频率最高的数据。这个函数拯救我于水火之中。

语法规则

函数语法：= MODE.MULT((number1,[number2],...))。

参数说明如下。

☆ number1（必选）：要计算其众数的第一个数字参数。

☆ number2（可选）：要计算其众数的第 2 到 254 个数字参数。也可以用单一数组或对某个数组的引用来代替用逗号分隔的参数。

下面以【商品投票.xlsx】表格为例，讲解如何统计出现次数最多的数字。

如图9-48所示，在【C2】单元格中输入函数【=MODE.MULT(A2:A201)】，完成函数输入后，按【Enter】键即可看出出现次数最多的数字是2，即2号商品是得票数最多的商品。

C2	:	× ✓ fx	=MODE.MULT(A2:A201)

	A	B	C
1	客户投票结果（数字代表商品编号）		得票数最多的商品编号
2	1		2
3	2		
4	4		
5	5		
6	4		
7	2		
8	1		
9	2		
10	2		
11	1		
12	4		

图9-48　计算得票数最多的商品

9.4.3 计算机器不会发生故障的概率

赵 哥

用函数还可以进行特定的概率统计，如用POISSON.DIST函数可以返回泊松分布。泊松分布通常用于预测一段时间内事件发生的次数。因此可以用这个函数来计算某件事不会发生的概率。

语法规则

函数语法：= POISSON.DIST(x,mean,cumulative)。

参数说明如下。

☆ x（必选）：事件数。

☆ mean（必选）：期望值。

☆ cumulative（必选）：逻辑值，确定所返回的概率分布的形式。如果 cumulative 为 TRUE，函数 POISSON.DIST 返回泊松累积分布概率，即随机事件发生的次数在 0 到 x 之间（包含 0 和 x）；如果为FALSE，则返回泊松概率密度函数，即随机事件发生的次数恰好为 x。

下面以【机器故障概率.xlsx】表为例，讲解当知道某机器的故障概率为0.18次/时，如何计算在使用机器的前5年，每年不发生故障的概率。

如图9-49所示，在【B2】单元格中输入函数【=POISSON.DIST(0,$C$2*A2,0)】，按【Enter】键后，往下复制函数，即可计算出不同使用年份下机器不发生故障的概率。

B2		fx	=POISSON.DIST(0,$C$2*A2,0)
	A	B	C
1	使用年份	不发生故障的概率	机器的故障概率（次/年）
2	1	0.835270211	0.18
3	2	0.697676326	
4	3	0.582748252	
5	4	0.486752256	
6	5	0.40656966	

图9-49　计算机器不发生故障的概率

高手指引 EXCEL函数与公式应用大全　案例视频教程（全彩版）

CHAPTER 10

—

精益求精，职场人
技多不压身

过五关斩六将，我终于将常用函数学习、使用了一遍。正当我洋洋得意，以为可以忙里偷闲的时候，新的问题又出现了——有些比较少见的函数我不会用，工作效率很难再进一步……

原来函数博大精深，短时间学习难免有疏漏之处。更何况，我之前将重心放在常用函数的学习上，忽略了一些少用但是依然会用到的函数，也不注意学习函数的使用技巧，导致工作效率上不去，问题百出。看来，是时候查缺补漏、精进函数技能了。

小 强

很多职场人都像小强一样，以为只要掌握了常用函数的使用方法就行了，却不知有的函数乍看之下似乎用不到，关键时刻却起到了重要作用。例如进制转换函数、数据库求和函数、跨表统计函数等。

除了函数要查缺补漏，使用技巧更要精益求精。掌握函数的保护方法、函数使用的小技巧，可以让制表更加安全、高效。

赵 哥

10.1　10个其他类型的函数，也可能用到

小 强

赵哥，常用函数我掌握得差不多了，我想补充学习一些其他函数。可是函数这么多，我实在不知道该挑哪些函数来学习。您经验多，您给我挑几个。

赵 哥

小强，看在你这么好学的份儿上，我就给你**挑一些功能强大或偶尔可能会用到的函数**。这些函数语法都比较简单，稍加学习就能应用了。

10.1.1 使用BIN2OCT将二进制转换成八进制

 小强

函数居然也可以进行进制转换。使用BIN2OCT函数可以将二进制数据转换成八进制。二进制是计算技术中广泛采用的一种数制，采用0和1两个数字，逢二进一；而八进制是以8为基数的计数法，采用0、1、2、3、4、5、6、7八个数字，逢八进一。

语法规则

函数语法：= BIN2OCT(number, [places])。

参数说明如下。

☆ number（必选）：希望转换的二进制数。number 的位数不能多于 10 位（二进制位），最高位为符号位，其余 9 位为数字位。负数用二进制数的补码表示。

☆ places（可选）：要使用的字符数。如果省略 places，BIN2OCT函数将使用尽可能少的字符数。当需要在返回的值前置 0时，places 尤其有用。

下面以【二进制转八进制.xlsx】表为例，讲解如何将二进制数据转换成八进制数据。

Step01：输入函数。如图10-1所示，在【B2】单元格中输入函数【=BIN2OCT(A2)】。

Step02：完成进制转换。完成函数输入后，按【Enter】键，接着往下复制函数，即可得到转换后的数据，结果如图10-2所示。

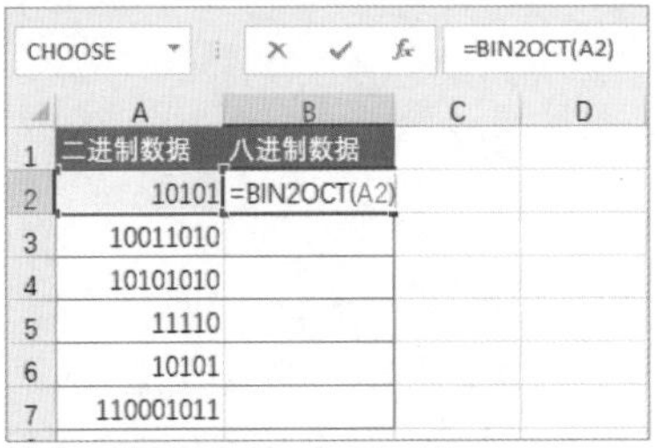

图10-1　输入函数

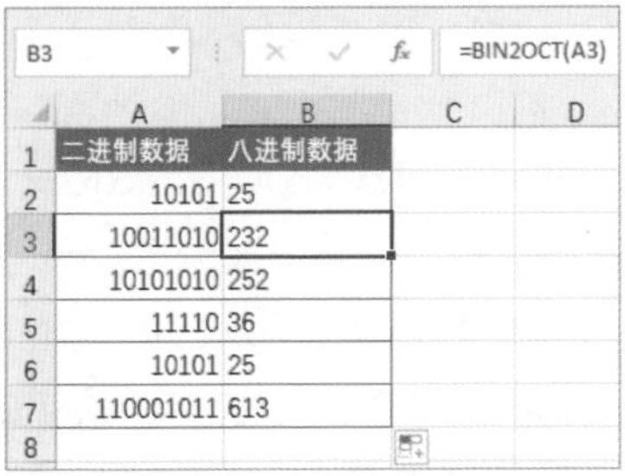

图10-2　完成进制转换

温馨提示

使用BIN2OCT函数有3个注意事项。

（1）如果数字为非法二进制数或位数多于10位，BIN2OCT函数返回错误值【#NUM!】。如果数字为负数，BIN2OCT函数忽略了参数places，返回以10个字符表示的八进制数。

（2）如果参数places为非数值型，BIN2OCT函数将返回错误值【#VALUE!】。如果参数places为负值，BIN2OCT函数将返回错误值【#NUM!】。

10.1.2 **使用ERF函数计算误差值**

赵 哥

在制作严谨的统计表时，可以使用误差函数ERF来计算上限数据和下限数据之间的误差。误差函数在概率论、统计学以及偏微分方程中都有广泛的应用。

语法规则

函数语法：= ERF(lower_limit,[upper_limit])。

参数说明如下。

☆ lower_limit（必选）：ERF 函数的积分下限。

☆ upper_limit（可选）：ERF 函数的积分上限。如果省略，ERF 将在0 ~ lower_limit 之间进行积分。

下面以【误差计算.xlsx】表为例，讲解如何根据上限值和下限值计算值之间的误差。

Step01：输入函数。如图10-3所示，在【C2】单元格中输入函数【=ERF(A2,B2)】。

Step02：完成误差计算。完成函数的输入后，按【Enter】键，接着往下复制函数，即可完成误差计算，结果如图10-4所示。

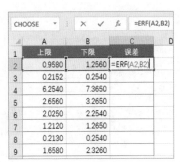

图10-3 输入函数   图10-4 完成误差计算

10.1.3 使用TYPE函数查看数据类型

小强

在Excel中，数据类型至关重要，一旦类型出错，可能导致计算结果也出错。**要想快速判断单元格中的数据究竟是什么类型，可以使用TYPE函数。**该函数用于返回数据的类型。

语法规则

函数语法：= TYPE(value)。

参数说明如下。

value（必选）：可以为任意 Microsoft Excel 数据，如数值、文本以及逻辑值等。当值为 1 时，表示数值型；值为 2 时，表示文本型；值为 4 时，表示逻辑值；值为 16 时，表示误差；值为 64 时，表示数组。

下面以【数据类型.xlsx】表为例，讲解如何判断单元格中的数据类型。

Step01：输入函数。如图10-5所示，在【B2】单元格中输入函数【=TYPE(A2)】。

Step02：完成数据类型判断。完成函数的输入后，按【Enter】键，然后往下复制函数，即可判断出A列的数据是什么类型，结果如图10-6所示。

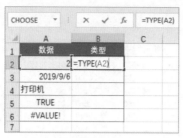

图10-5 输入函数

图10-6 完成数据类型判断

10.1.4 使用ISNUMBER函数判断数据是否为数值型

小强

在表格中，如果将数据录入成文本型，那么数据将难以参与函数运算。此时可以用**ISNUMBER函数来判断数据是否为数值型，如果是数值型，则返回 TRUE。**

语法规则

函数语法：= ISNUMBER(value)。

参数说明如下。

value（必选）：要检验是否为数值型的数据。参数 value 可以是空白（空单元格）、错误值、逻辑值、文本、数字、引用值，或者引用要检验的以上任意值的名称。

下面以【数字判断.xlsx】表为例，讲解如何判断单元格中的数据是否为数值型。

Step01：输入函数。如图10-7所示，在【D2】单元格中输入函数【=ISNUMBER(C2)】。

Step02：完成判断。完成函数的输入后，按【Enter】键，然后往下复制函数，即可判断出C列的售价是否为数值型，结果如图10-8所示。

商品编号	销量	售价	售价是否为数字
BY0215	15	56.00	=ISNUMBER(C2)
BY0216	25	25.00	
BY0217	26	98.00	
BY0218	无销量	58.00	
BY0219	452	78.00	
BY0220	65	59.00	
BY0221	42	98.00	
BY0222	无销量	58.00	
BY0223	625	78.00	
BY0224	25	59.00	
BY0225	45	58.00	
BY0226	无销量	68.00	
BY0227	654	58.00	

图10-7　输入函数

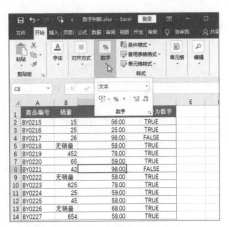

图10-8　判断数据是否为数值型

10.1.5 使用DSUM函数实现数据库求和

赵哥

小强，有个函数你非学不可——**数据库函数DSUM函数**。其强大之处在于，**无论求和条件多么复杂，都不用编写复杂的函数，只需要在空白单元格设置好求和条件就可以进行求和了。**

小强

赵哥，我正好有一张产品销量表需要进行统计分析，正发愁要写多长的条件求和函数呢。我得赶快试一试您推荐的这个函数。

语法规则

函数语法：= DSUM (database,field,criteria)。

参数说明如下。

☆　database（必选）：表示构成列表或数据库的单元格区域。

☆ field（必选）：需要求和统计的数据列。例如要统计销量数据，销量在D列，那么参数就为4。

☆ criteria（必选）：表示包含所指定条件的单元格区域。可为参数criteria指定的任意区域，只要此区域包含至少一个列标签，并且列标签下方包含至少一个指定列条件的单元格。

下面以【DSUM函数.xlsx】表为例，讲解如何通过设置条件来进行求和。

📢 Step01：计算【张英】业务员的总销量。如图10-9所示，❶ 在F列设置好求和条件，求和条件为"业务员""张英"，而G列用来放置求和结果。❷ 在【G3】单元格中输入函数【=DSUM(A1:D15,4,F2:F3)】，按【Enter】键即可求出【张英】业务员的总销量。该函数表示，数据库区域为【A1:D15】单元格区域，要求和的数据在第4列，求和条件在【F2:F3】单元格区域中。

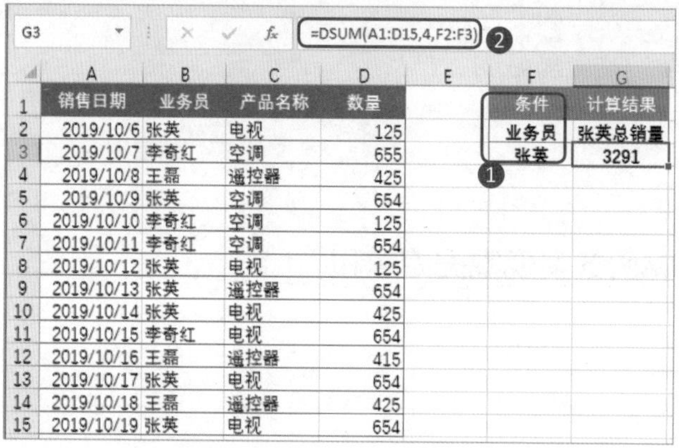

图10-9 计算【张英】业务员的总销量

📢 Step02：计算【张英】业务员销售空调的总量。如图10-10所示，❶ 在【F6:G7】单元格区域中设置新的求和条件，❷在【H7】单元格中输入求和函数【=DSUM(A1:D15,4,F6:G7)】，即可完成条件求和。

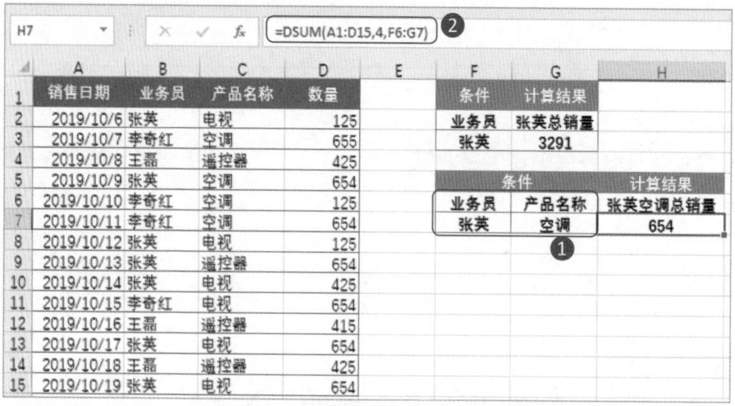

图10-10 计算【张英】业务员销售空调的总量

10.1.6 使用HYPERLINK函数做表格目录

 小强

　　我正在处理一份包含了多张工作表的文件，为了方便张总查阅不同的表，我需要做表格目录，通过单击目录就能跳转到对应的表格。令我没想到的是，最后解决问题的方法竟然是函数。**使用GET.WORKBOOK函数可以得到工作簿及工作表的名称**，然后结合字符提取函数提取工作表名称，最后用**超链接函数HYPERLINK添加目录超链接**，就可以实现目录功能了。

　　需要注意的是，**GET.WORKBOOK函数是宏表函数，无法直接在单元格中使用，要通过定义名称来使用。**

语法规则

　　函数语法：= HYPERLINK(link_location, [friendly_name])。

　　参数说明如下

　☆　link_location（必选）：要打开的文档的路径和文件名。link_location 可以指向文档中的某个位置。

　☆　friendly_name（可选）：单元格中显示的跳转文本或数字值。friendly_name 显示为蓝色并带有下划线；如果省略friendly_name，单元格会将 link_location 显示为跳转文本。

　　下面以【表格目录.xlsx】文件为例，讲解如何制作表格目录。

Step01：定义名称。 如图10-11所示，❶切换到【目录】工作表中，❷单击【公式】选项卡下的【定义的名称】组中的【定义名称】按钮。

Step02：新建名称。 如图10-12所示，❶在【新建名称】对话框中输入名称【表名】，❷在【引用位置】参数框中输入函数【=GET.WORKBOOK(1)】，❸单击【确定】按钮。

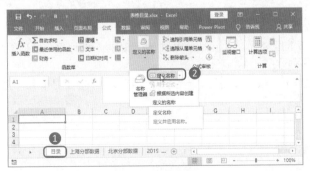

图10-11　定义名称

图10-12　新建名称

Step03：提取工作表名称。如图10-13所示在【A1】单元格中输入函数【=RIGHT(INDEX(表名,ROW()),LEN(INDEX(表名,ROW()))-11)】，提取工作表的名称。在该函数中，【INDEX(表名,ROW())】提取的是工作簿+工作表的名称，因此需要用RIGHT函数提取工作表名称，【LEN(INDEX(表名,ROW()))-11)】表示用工作簿+工作表名称减去11个字符，这11个字符是工作簿名称的长度。

Step04：完成工作表名称提取。往下复制函数，完成所有工作表名称的提取，结果如图10-14所示。

图10-13　提取工作表名称

图10-14　完成工作表名称提取

Step05：设置工作表超链接。如图10-15所示，在【B2】单元格中输入函数【=HYPERLINK("#"&A2&"!a1",A2)】，表示为【A2】单元格中的目录设置超链接。

Step06：完成所有工作表超链接设置。往下复制函数，并在【B2】单元格中输入提示语言，美化表格样式，即可完成目录设置，结果如图10-16所示。

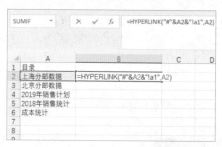

图10-15　设置工作表超链接

图10-16　完成所有工作表超链接设置

Step07：启用宏功能。按【Ctrl+S】组合键，弹出如图10-17所示的提示对话框，此时要单击【否】按钮，将表格保存为启用宏功能的文件。

Step08：保存工作簿。如图10-18所示，❶在弹出的【另存为】对话框中，选择工作簿的保存位置，❷输入保存的表格名称，并选择保存类型为【Excel启用宏的工作簿(*.xlsm)】，❸单击【保存】按钮，即可将表格保存为宏文件，保证在后面打开文件时也可以使用前面步骤中设置好的目录实现工作表切换。

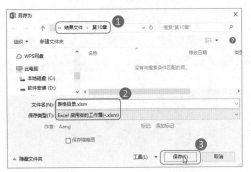

图10-17 启用宏功能

图10-18 以宏文件类型保存工作簿

10.1.7 使用DGET函数更加灵活地提取数据

赵哥

  DSUM函数功能强大，可以灵活设置条件进行求和统计。如果只想设置不同的条件进行数据提取，就需要使用DSUM函数的"兄弟"——DGET函数。**DGET函数用于从列表或数据库的列中提取符合指定条件的单个值**。这个函数比常用的数据提取函数更简单、方便。

语法规则

函数语法：= DGET (database,field,criteria)。

参数说明如下

☆ database（必选）：要提取数据的数据区域。

☆ field（必选）：所需提取数据所在的列。1表示第一列，2表示第二列，以此类推。

☆ criteria（必选）：提取条件所在单元格区域。可为参数criteria指定任意区域，只要此区域包含至少一个列标签，并且列标签下方包含至少一个指定列条件的单元格。

  下面以【数据提取.xlsx】为例，讲解如何用DGET函数设置不同的提取条件来提取数据。

Step01：按日期提取销售数量。如图10-19所示，在【F2:F3】单元格区域中设置提取条件，在【G2】单元格中输入函数【=DGET(A1:D15,4,F2:F3)】，按【Enter】键，即可提取符合条件的销售数量。该函数表示，在【A1:D15】单元格区域内根据【F2:F3】单元格中的条件提取第4列数据。

Step02：按业务员和产品提取销售数量。如图10-20所示，在【F6:G7】单元格区域内设置新的提取条件，在【H6】单元格内输入函数【=DGET(A1:D15,4,F6:G7)】，按【Enter】键，即可提取符合条件的产品销售数数量量。

G2			f_x	=DGET(A1:D15,4,F2:F3)

	A	B	C	D	E	F	G
1	销售日期	业务员	产品名称	数量		提取条件	提取结果
2	2019/10/6	张英	电视	125		销售日期	654
3	2019/10/7	张英	空调	655		2019/10/9	
4	2019/10/8	张英	遥控器	425			
5	2019/10/9	张英	描线板	654			
6	2019/10/10	李奇红	电视	125			
7	2019/10/11	李奇红	空调	654			
8	2019/10/12	李奇红	遥控器	125			
9	2019/10/13	李奇红	描线板	654			
10	2019/10/14	王磊	电视	425			
11	2019/10/15	王磊	空调	654			
12	2019/10/16	王磊	遥控器	415			
13	2019/10/17	王磊	描线板	654			
14	2019/10/18	赵奇	电视	425			
15	2019/10/19	赵奇	空调	654			

图10-19　按日期提取销售数量

H6			f_x	=DGET(A1:D15,4,F6:G7)

	A	B	C	D	E	F	G	H
1	销售日期	业务员	产品名称	数量		提取条件	提取结果	
2	2019/10/6	张英	电视	125		销售日期	654	
3	2019/10/7	张英	空调	655		2019/10/9		
4	2019/10/8	张英	遥控器	425				
5	2019/10/9	张英	描线板	654		提取条件		提取结果
6	2019/10/10	李奇红	电视	125		业务员	产品名称	425
7	2019/10/11	李奇红	空调	654		王磊	电视	
8	2019/10/12	李奇红	遥控器	125				
9	2019/10/13	李奇红	描线板	654				
10	2019/10/14	王磊	电视	425				
11	2019/10/15	王磊	空调	654				
12	2019/10/16	王磊	遥控器	415				
13	2019/10/17	王磊	描线板	654				
14	2019/10/18	赵奇	电视	425				
15	2019/10/19	赵奇	空调	654				

图10-20　按业务员和产品提取销售数量

温 馨 提 示

　　使用**DGET**函数时，只能有一个满足条件的结果。如果同时有多个结果都满足所设置的条件，那么会返回错误值【#NUM!】。

10.1.8 使用DSTDEVP函数计算总体标准偏差

小 强

　　赵哥，我需要分析两组销售人员的业绩，看看哪个组销售人员的业务水平相差更大。我实在想不出可以用什么数据分析工具。

赵 哥

　　小强，别冥思苦想啦，用函数就能解决。使用**DSTDEVP**函数可以计算列表或数据库中满足条**件的数据样本的总体标准偏差**。标准偏差越小，数据偏离平均值的程度越小，说明差异越小；标准偏差越大，则说明数据的差异越大。

语法规则

函数语法：= DSTDEVP (database,field,criteria)。

参数说明如下

☆ database（必选）：列表或数据库的单元格区域。

☆ field（必选）：指定函数所使用的数据列。输入两端带双引号的列标签，如"产量"；或是代表列表中列位置的数字（没有引号）。

☆ criteria（必选）：包含所指定条件的单元格区域。

下面以【销售分析.xlsx】表为例，讲解如何使用DSTDEVP函数计算标准偏差，以对比不同小组销售员的业务能力差异。

Step01：计算A组标准偏差。如图10-21所示，在【F2】单元格中输入函数【=DSTDEVP(A1:C16,3,E2:E3)】，按【Enter】键即可计算出A组销量的标准偏差。该函数表示，在【A1:C16】单元格区域中，根据【E2:E3】单元格区域中的条件对第3列即销量数据进行标准偏差计算。

Step02：计算B组标准偏差。如图10-22所示，在【H2】单元格中输入函数【=DSTDEVP(A1:C16,3,G2:G3)】，按【Enter】键即可计算出B组销量的标准偏差。对比A、B两组的销量标准偏差，可以看出A组的偏差更大，说明A组销售人员的业务水平差距更大，而B组销售人员的业务水平差距较小。

图10-21　计算A组标准偏差　　　　图10-22　计算B组标准偏差

10.1.9 使用GROWTH函数预测未来值

小强

万万没想到，函数也可以进行预测分析。只要知道一组数据，就可以使用GROWTH函数以指数增长的方式来预测未来值。结合这个函数来做计划表，很省事。

语法规则

函数语法：= GROWTH(known_y's, [known_x's], [new_x's], [const])。

参数说明如下。

☆ known_y's（必选）：满足指数回归拟合曲线 y=b*m^x 的一组已知的 y 值。

☆ known_x's（可选）：满足指数回归拟合曲线 y=b*m^x 的一组已知的可选 x 值。如果省略 known_x's，则假设该数组为{1,2,3,...}，其大小与 known_y's 相同。

☆ new_x's（可选）：需要通过 GROWTH 函数为其返回对应 y 值的一组新 x 值。如果省略 new_x's，则假设它和 known_x's 相同。如果 known_x's 与 new_x's 都被省略，则假设它们为数组{1,2,3,...}，其大小与 known_y's 相同。

☆ const（可选）：逻辑值，用于指定是否将常量 b 强制设为 1。如果 const 为 TRUE 或省略，b 将按正常计算。如果 const 为 FALSE，b 将设为 1，m 值将被调整以满足 y = m^x。

下面以【销量预测.xlsx】表为例，讲解如何用GROWTH函数预测未来销量。

Step01：输入函数。如图10-23所示，在【B18】单元格中输入函数【=GROWTH(B2:B7,A2:A7,A8)】。

Step02：完成销量预测。如图10-24所示，按【Enter】键即可显示2019年7月的预测销量。

	时间	销量（件）
1		
2	2019年1月	33100
3	2019年2月	47300
4	2019年3月	69000
5	2019年4月	102000
6	2019年5月	150000
7	2019年6月	220000
8	2019年7月	=GROWTH(B2:B7,A2:A7,A8)
9		

图10-23　输入函数

	时间	销量（件）
1		
2	2019年1月	33100
3	2019年2月	47300
4	2019年3月	69000
5	2019年4月	102000
6	2019年5月	150000
7	2019年6月	220000
8	2019年7月	322309.3193
9		
10		

图10-24　完成销量预测

技能升级

并不是所有的数据预测都可以使用GROWTH函数，**只有X值与Y值符合指数增长规律时才能使用这种预测函数**。将本例中的已知数据做成折线，结果如图10-25所示，折线趋势表示在时间序列内销量呈现不断增长。

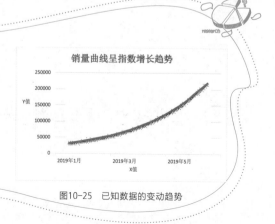

图10-25　已知数据的变动趋势

10.1.10 使用INFO函数返回有关当前操作环境的信息

小强

又发现了一个好玩的函数，可以使用INFO函数返回有关当前操作环境的信息。这样我就可以轻松判断当前打开的表格所在的文件夹路径、操作系统的版本号、Excel软件的版本号等信息了。

语法规则

函数语法：= INFO(type_text)。

参数说明如下。

type_text（必选）：用于指定要返回的信息类型的文本。表10-1列出了该参数的取值与返回值。

表10-1　信息类型对应的文本

type_text	返　回　值
directory	当前目录或文件夹的路径
numfile	打开的工作簿中活动工作表的数目
origin	以当前滚动位置为基准，返回窗口中可见的左上角单元格的绝对引用
osversion	当前操作系统的版本号，文本值
recalc	当前重新计算模式，返回"自动"或"手动"
release	Microsoft Excel的版本号，文本值
system	操作系统名称：Macintosh="mac"；Windows="pcdos"

下面以【操作环境.xlsx】表为例，讲解如何用INFO函数来判断操作环境相关的信息。

Step01：判断工作表数量。如图10-26所示，在【B2】单元格中输入函数【=INFO("NUMFILE")】，按【Enter】键即可看到当前工作簿中共有2张工作表。

图10-26　判断工作表数量

Step02：判断操作系统版本号。如图10-27
所示，在【B3】单元格中输入函数【=INFO("O
SVERSION")】，按【Enter】键即可看到操作系统
的版本号。

图10-27　判断操作系统版本号

Step03：判断软件版本号。如图10-28所示，在【B4】单元格中输入函数【=INFO("RELEASE")】，
按【Enter】键，即可看到当前软件的版本号。

Step04：判断操作系统名称。如图10-29所示，在【B5】单元格中输入函数【=INFO("SYS
TEM")】，按【Enter】键即可看到当前的操作系统是Windows操作系统。

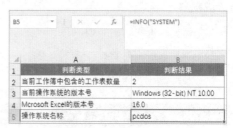

图10-28　判断软件版本号　　　　　　　　　　　图10-29　判断操作系统名称

10.2　10个公式函数应用技巧，学了就忘不了

赵哥

　　小强，使用函数来处理数据，你已经掌握得很好了，可是有关公式函数的其他使用技巧，你
知道吗？如何保护公式、隐藏公式、分段计算公式……**不知道这些技巧，在特殊情况下，你就会
不知所措，也会降低你的制表效率。**

小强

　　赵哥，我正准备松一口气给自己放个假呢。您说的这些问题我还真不知道，看来这个假是没
办法休了。

10.2.1 保护辛苦编写的公式不被修改

小强

将工作表中的数据计算好后，为了防止其他用户对公式进行更改，可设置密码保护。其实原理就是设置有公式的单元格区域不能被修改。思路是，让有公式的单元格处于锁定状态，再对锁定的单元格区域设置密码保护。

下面以【保护公式不被修改.xlsx】表为例，讲解如何将有公式的单元格设置密码保护。

📣 Step01：取消所有单元格的锁定。默认情况下，Excel表中的所有单元格均处于锁定状态，但是【保护工作表】功能只对锁定单元格起作用。如图10-30所示，❶选中表格任意空白的单元格，按【Ctrl+A】组合键选中所有单元格。单击【开始】选项卡下的【格式】按钮，❷单击【锁定单元格】按钮，就会取消单元格锁定。

📣 Step02：单独锁定有公式的单元格。如图10-31所示，❶按住【Ctrl】键选中有公式的【C2:C12】及【E2:E12】单元格区域，❷选择【格式】菜单中的【锁定单元格】选项，就可以将选中的单元格锁定。

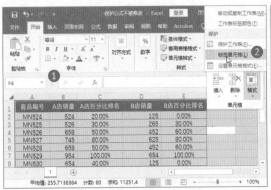

图10-30　取消所有单元格的锁定

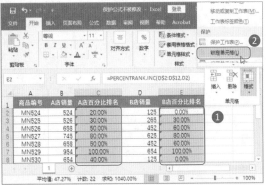

图10-31　单独锁定有公式的单元格

📣 Step03：保护工作表。如图10-32所示，单击【审阅】选项卡下的【保护工作表】按钮。

📣 Step04：输入保护密码。如图10-33所示，❶在【保护工作表】对话框中输入密码【123】，❷单击【确定】按钮。

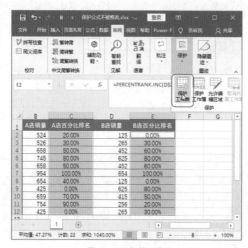

图10-32　保护工作表

图10-33　输入保护密码

Step05： 再次输入密码。如图10-34所示，❶在【确认密码】对话框中再次输入密码【133】，❷单击【确定】按钮。此时就成功将有公式的单元格保护起来。

Step06： 查看公式保护效果。如图10-35所示，❶修改任意有公式的单元格，如【C2】单元格，❷则会弹出【Microsoft Excel】对话框提示单元格无法进行修改。

图10-34　再次输入密码

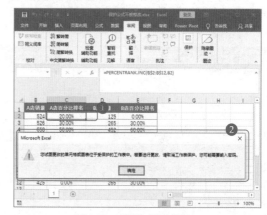

图10-35　查看公式保护效果

技能升级

在表格了设置单元格保护后，如果需要取消保护，可以**单击【审阅】选项卡下的【撤销工作表保护】按钮，然后输入工作表的保护密码**，即可取消工作表保护。

10.2.2 对外文件，将公式隐藏起来

小 强

赵哥，公式函数的编写是我的劳动成果。在对外文件中，我设置好公式后，对方只需要使用即可，不需要看到我写了什么公式。请问该如何保护我的公式不被他人看到呢？

赵 哥

小强，在对外文件中，越是复杂的公式函数越需要隐藏保护，既能防止被他人篡改又能防止公式被重复利用。方法很简单，只需要**设置单元格隐藏，并设置工作表保护密码**就可以了。

下面以【隐藏公式.xlsx】表格为例，讲解隐藏公式的方法。

Step01：打开【设置单元格格式】对话框。如图10-36所示，❶选中有公式的【B11】单元格，❷单击【数字】组中的对话框启动器按钮。

Step02：隐藏公式。如图10-37所示，❶切换到【保护】选项卡，❷选择【隐藏】选项，❸单击【确定】按钮。

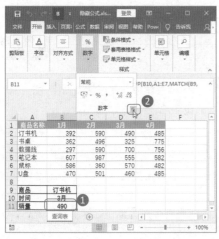

图10-36　打开【设置单元格格式】对话框

图10-37　隐藏公式

Step03：设置保护密码。单击【审阅】选项卡下的【保护工作表】按钮，如图10-38所示，❶输入保护密码【123】，❷单击【确定】按钮，然后在【确认密码】对话框中再次输入密码。

Step04：查看公式隐藏效果。如图10-39所示，此时选中有公式的【B11】单元格，在上方的编辑栏中看不到公式显示，说明公式被成功隐藏。

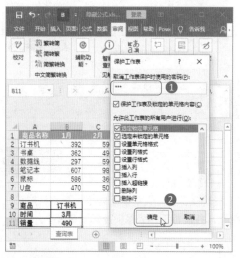

图10-38　设置保护密码　　　　　　　　　　　　　图10-39　查看公式隐藏效果

10.2.3　用公式增强条件格式功能

赵哥

　　条件格式功能既强大又简单，但是有不少局限性。**当需要根据复杂的条件设置格式时，就要结合公式来设置条件格式**，这样可以大大增强条件格式的灵活性，突破限制。

　　下面以【条件格式公式.xlsx】表格为例，讲解如何通过公式来找出1～3月销量均大于100的商品。

Step01：新建规则。如图10-40所示，❶选中【A2:A15】单元格区域，❷单击【条件格式】按钮，❸选择【新建规则】选项。

Step02：输入公式。如图10-41所示，❶在【新建格式规则】对话框中选择【使用公式确定要设置格式的单元格】选项，❷在下方输入公式【=and($b2>100,$c2>100,$d2>100)】，and函数表示同时满足，❸单击【格式】按钮。

图10-40 新建规则

图10-41 输入公式

Step03：设置格式。如图10-42所示，❶在【填充】选项卡下选择一种填充色，❷单击【确定】按钮。

Step04：确定规则设置。回到【新建格式规则】对话框中单击【确定】按钮，如图10-43所示。这个规则表示对满足条件的单元格填充上橙色。

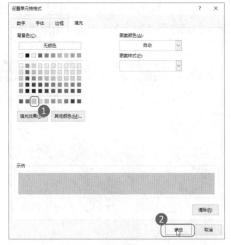

图10-42 设置格式

图10-43 确定规则设置

回到表格中，此时满足1~3月销量均大于100条件的商品编号就填充上了橙色的底色，效果如图10-44所示。

	A	B	C	D	E	F
1	商品编号	1月	2月	3月	4月	5月
2	BY524	458	374	150	198	206
3	BY525	428	323	88	369	198
4	BY526	259	224	261	158	75
5	BY527	143	211	220	161	288
6	BY528	140	495	263	383	465
7	BY529	352	83	264	271	306
8	BY530	315	482	224	331	468
9	BY531	134	142	314	205	97
10	BY532	211	81	305	354	332
11	BY533	337	125	227	156	189
12	BY534	433	90	88	323	53
13	BY535	385	473	181	208	495
14	BY536	285	135	68	160	84
15	BY537	332	439	66	316	256

图10-44　查看条件格式效果

10.2.4 结构化引用，让运算更简单

赵哥

在表格中输入公式有两个常见问题，别人在理解公式时要对应引用的单元格理解，比较费力。一旦公式增减了数据，公式就要修改引用的单元格。

后来我将单元格区域变成表区域，实现了结构化引用，最终解决了这两个问题。**结构化引用可以用表格名称、列标题来代替传统的单元格引用，并且在增减内容时，不改变引用效果。**

下面以【结构化引用.xlsx】表格为例，讲解如何在公式中使用结构化引用。

💬 Step01：插入表格。Excel中的表格区域是普通区域，要实现结构化引用，需要将区域转换成表格区域。如图10-45所示，❶选中【A1:H16】单元格区域，❷单击【插入】选项卡下的【表格】按钮。

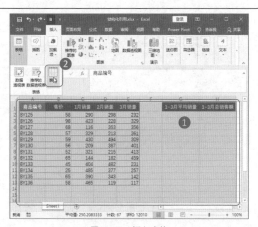

图10-45　插入表格

📣 Step02：确定数据来源。如图10-46所示，在【创建表】对话框中确定数据来源为选中区域，单击【确定】按钮。

📣 Step03：在公式中使用结构化引用。如图10-47所示，❶在【G2】单元格中输入【=AVERAGE([】就会弹出可选择的数据引用名称，❷这里选择【1月销量】。

图10-46　确定数据来源

图10-47　在公式中使用结构化引用

📣 Step04：完成公式编辑。如图10-47所示，❶用相同的方法，完成公式中的其他数据的结构化引用，❷按【Enter】键即可计算出平均销量。

	A	B	C	D	E	F	G
1	商品编号	售价	1月销量	2月销量	3月销量	列1	1~3月平均销量
2	BY125	58	290	298	232		314
3	BY126	98	423	228	329		
4	BY127	68	116	353	356		
5	BY128	57	329	213	361		
6	BY129	59	430	494	309		
7	BY130	56	209	387	401		
8	BY131	52	321	215	413		
9	BY132	65	144	182	459		
10	BY133	45	404	482	231		
11	BY134	25	485	377	257		
12	BY135	65	390	343	142		
13	BY136	58	465	119	117		

公式栏：=AVERAGE([1月销量],[2月销量],[3月销量]) ❶

图10-48　完成公式编辑

📣 Step05：通过结构化引用计算销售额。如图10-49所示，❶在【H2】单元格中通过结构化引用的方式编辑公式【=SUMPRODUCT([售价]*([1月销量]+[2月销量]+[3月销量]))】，❷按【Enter】键即可计算出销售额。

	A	B	C	D	E	F	G	H
1	商品编号	售价	1月销量	2月销量	3月销量	列1	1~3月平均销量	1~3月总销售额
2	BY125	58	290	298	232		314	655896
3	BY126	98	423	228	329			
4	BY127	68	116	353	356			
5	BY128	57	329	213	361			
6	BY129	59	430	494	309			
7	BY130	56	209	387	401			
8	BY131	52	321	215	413			
9	BY132	65	144	182	459			
10	BY133	45	404	482	231			
11	BY134	25	485	377	257			
12	BY135	65	390	343	142			
13	BY136	58	465	119	117			

图10-49　通过结构化引用计算销售额

Step06：增加数据公式自动发生变化。如图10-50所示，❶在第14行增加一行新的数据，❷此时【G2】单元格和【H2】单元格中的结果值自动发生变化。

	A	B	C	D	E	F	G	H
1	商品编号	售价	1月销量	2月销量	3月销量	列1	1~3月平均销量	1~3月总销售额
2	BY125	58	290	298	232		306.1282051	697806
3	BY126	98	423	228	329			
4	BY127	68	116	353	356			
5	BY128	57	329	213	361			
6	BY129	59	430	494	309			
7	BY130	56	209	387	401			
8	BY131	52	321	215	413			
9	BY132	65	144	182	459			
10	BY133	45	404	482	231			
11	BY134	25	485	377	257			
12	BY135	65	390	343	142			
13	BY136	58	465	119	117			
14	BY137	66	125	254	256			
15								
16								

图10-50　增加数据公式自动发生变化

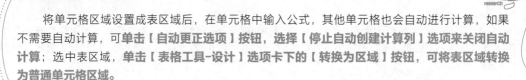

技 能 升 级

　　将单元格区域设置成表区域后，在单元格中输入公式，其他单元格也会自动进行计算，如果不需要自动计算，可**单击【自动更正选项】按钮，选择【停止自动创建计算列】选项来关闭自动计算**；选中表区域，**单击【表格工具-设计】选项卡下的【转换为区域】按钮，可将表区域转换为普通单元格区域**。

10.2.5 公式太长，试试分段结果运算

赵哥

　　在编辑较长的函数时，一旦函数出现错误，往往需要花很多时间来分析错误出在哪里。这时不妨试试，**选中函数的某一部分，按【F9】键查看计算结果**。通过这种方法，可以将函数分成不同的部分，快速判断其正确与否。

　　下面以【分段计算.xlsx】表格为例，讲解如何分段查看函数的计算结果。

📢 **Step01**：选择函数的一部分。如图10-51所示，❶选中【E2】单元格，❷在编辑栏中选中函数的一部分，如【INDIRECT({"C2:C18"})】。

📢 **Step02**：查看计算结果。按【F9】键就能看到选中的这部分函数的计算结果，如图10-52所示。查看了函数的分段计算结果后，按【Esc】键可以退出分段计算状态。

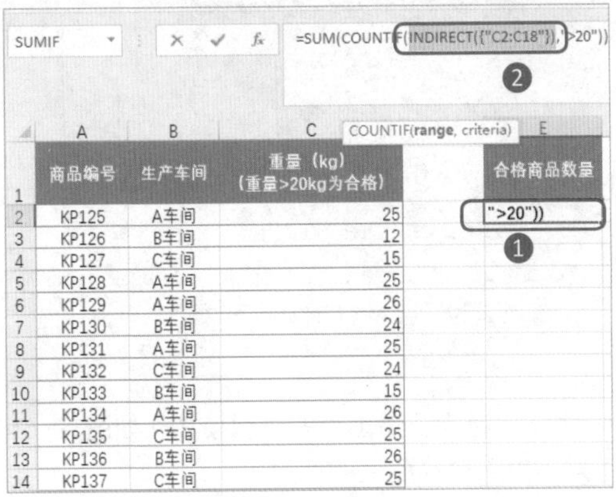

图10-51　选择函数的一部分

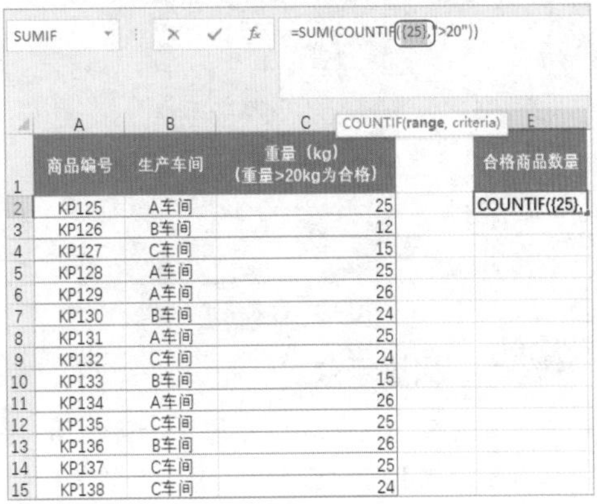

图10-52　查看计算结果

10.2.6 解决计算不显示计算结果的问题

小强

　　赵哥，我在使用公式函数时，常常会出现一些错误，这些错误让我百思不得其解，很浪费时间。我要怎么做才能找到解决错误问题的正确方法呢？

小强，其实这些错误是有规律可言的，你可以根据错误显示结果就能判断错误原因，进而找到解决方法，我今天就给你总结一下吧。

1 不显示计算结果

在表格中输入公式后，公式不显示计算结果，原因是公式引用的单元格数据为【文本】格式，如图10-53所示。将数据改成【数值】格式，再重新输入公式，就可以显示正确的计算结果了，如图10-54所示。

图10-53　数据格式为文本

图10-54　调整数据格式为数值

2 只显示公式

在表格中输入公式后，不显示计算结果，仅显示公式，此时需要退出公式显示模式。如图10-55所示，单击【公式】选项卡下的【显示公式】按钮，即可退出/进入公式显示模式。

图10-55　退出/进入公式显示模式

 赵哥

　　除了第1章中介绍的8种常见错误外，还有一种错误也很伤脑筋。从其他软件中导入到Excel中的数据，常常是文本型，并且这种格式无法通过简单的调整数据格式来调整。此时**可以用四则运算来转换文本型数据，或者是通过分列的方法来计算文本型等式。**

 四则运算转换文本数据

　　下面以【计算文本数据.xlsx】文件中的【表1】为例，讲解如何将文本型数据通过四则运算转换成数值型。

🔊 Step01：输入运算公式。如图10-56所示，在【D2】单元格中输入公式【=B2+0】【B2】单元格的值加0后，结果不变，通过这样简单的四则运算，就能将【B2】单元格的文本转换成数值。这是因为Excel规定，经过运算后的值将转换为数值。

🔊 Step02：完成格式转换。在D列复制【D2】单元格的公式，就完成了B列文本数据的转换，结果如图10-57所示。

	A	B	C	D
1	商品编号	销量	销售日期	销量数据转换
2	MO025	652	2019/5/6	=B2+0
3	MO026	125	2019/5/7	
4	MO027	152	2019/5/8	
5	MO028	625	2019/5/9	
6	MO029	265	2019/5/10	
7	MO030	748	2019/5/11	
8	MO031	256	2019/5/12	
9	MO032	125	2019/5/13	
10	MO033	326	2019/5/14	
11	MO034	452	2019/5/15	
12	MO035	8574	2019/5/16	
13	MO036	1256	2019/5/17	

图10-56　输入运算公式

	A	B	C	D
1	商品编号	销量	销售日期	销量数据转换
2	MO025	652	2019/5/6	652
3	MO026	125	2019/5/7	125
4	MO027	152	2019/5/8	152
5	MO028	625	2019/5/9	625
6	MO029	265	2019/5/10	265
7	MO030	748	2019/5/11	748
8	MO031	256	2019/5/12	256
9	MO032	125	2019/5/13	125
10	MO033	326	2019/5/14	326
11	MO034	452	2019/5/15	452
12	MO035	8574	2019/5/16	8574
13	MO036	1256	2019/5/17	1256

图10-57　完成格式转换

 分列法计算文本型等式

　　下面以【计算文本数据.xlsx】文件中的【表2】为例，讲解当导入其他软件中的文本型等式是如何进行计算的。

🔊 Step01：单击【文件】按钮。如图10-58所示，❶选中D列数据，可以看到数据类型为【文本】，且没有【=】号，❷单击【文件】按钮。

Step02：选择兼容性。在【文件】菜单中选择【选项】选项。如图10-59所示，❶切换到【高级】选项卡，❷选择【转换Lotus 1-2-3公式(U)】，❸单击【确定】按钮。

图10-58　单击【文件】按钮

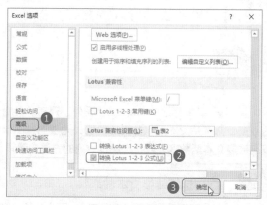

图10-59　选择兼容性

Step03：使用分列功能。如图10-60所示，❶选中D列数据，❷单击【数据】选项卡下的【分列】按钮。

Step04：完成分列向导。在打开的文本分列向导中，按照默认设置单击【下一步】按钮，直到出现如图10-61所示的界面，单击【完成】按钮，即可完成数据分列。

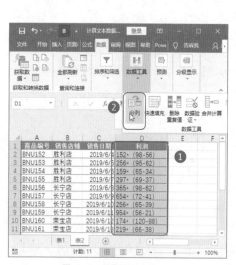

图10-60　使用分列功能

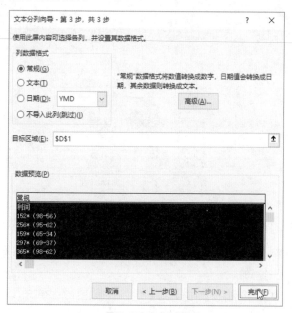

图10-61　完成分列向导

	A	B	C	D	E
1	商品编号	销售店铺	销售日期	利润	
2	BNU152	胜利店	2019/6/4	6384	
3	BNU153	胜利店	2019/6/5	8448	
4	BNU154	胜利店	2019/6/6	4929	
5	BNU155	胜利店	2019/6/7	9504	
6	BNU156	长宁店	2019/6/8	13140	
7	BNU157	长宁店	2019/6/9	20274	
8	BNU158	长宁店	2019/6/10	6656	
9	BNU159	长宁店	2019/6/11	33390	
10	BNU160	荣宝店	2019/6/12	5568	
11	BNU161	荣宝店	2019/6/13	6132	

D2 | =152*(98-56)

图10-62　完成文本型等式计算

此时选中的D列数据便成功进行了运算，结果如图10-62所示，显示了正确的运算结果，并且自动为公式添加了【=】号。

10.2.8 巧妙输入相对引用和绝对引用

小强

　　在表格需要固定引用单元格的行或列时，就要用到绝对引用，在行号或列字母前添加绝对引用符号【$】。在实际运算中，为了提高工作效率，可以**使用【F4】快捷键来快速切换相对引用和绝对引用**。第一次按【F4】键可变成绝对引用；第二次按【F4】键可变成行相对引用，列绝对列引用；第三次按【F4】键可变成行绝对引用，列相对引用；第四次按【F4】键可变成相对引用。如此循环重复，就可以改变引用方式了。

　　下面以【引用切换.xlsx】表格为例，讲解如何在输入公式函数时通过快捷键来切换引用方式。

　　Step01：将光标放到要切换引用的地址前。如图10-63所示，在【D2】单元格中输入函数【=RANK(C2,C2:C9)】，然后将光标放到【C2:C9单元格区域】前面，表示要更改【C2】单元格的引用方式。

D2 | =RANK(C2,C2:C9)

	A	B	C	RANK(number, **ref**, [order])
1	业务员姓名	时间	业绩（万元）	排名
2	张强	2019年3月	8.00	=RANK(C2,C2:C9
3	李奇	2019年3月	8.00	
4	王寒乐	2019年3月	14.33	
5	赵丽	2019年3月	19.67	
6	罗梦	2019年3月	12.33	
7	吴爽	2019年3月	10.00	
8	陈学东	2019年3月	7.33	
9	李小双	2019年3月	10.67	

图10-63　将光标放到要切换引用的地址前

Step02：切换引用方式。按【F4】键，结果如图10-64所示，【C2】的引用方式变成绝对引用【$C$2】。

Step03：完成函数计算。用同样的方法，再将光标放到【C9】单元格前面，通过快捷键将引用方式变成绝对引用【C$9】，最后输入右边的括号完成函数编辑。再将函数复制到下方的单元格中，结果如图10-65所示。

| SUMIF | | ▼ | | × | ✓ | fx | =RANK(C2,$C$2:C9) |

	A	B	C	排名
1	业务员姓名	时间	业绩（万元）	排名
2	张强	2019年3月	8.00	=RANK(C2,$C$2:C9
3	李奇	2019年3月	8.00	
4	王寒乐	2019年3月	14.33	
5	赵丽	2019年3月	19.67	
6	罗梦	2019年3月	12.33	
7	吴爽	2019年3月	10.00	
8	陈学东	2019年3月	7.33	
9	李小双	2019年3月	10.67	

RANK(number, **ref**, [order])

图10-64 切换引用方式

| D2 | | ▼ | | × | ✓ | fx | =RANK(C2,$C$2:$C$9) |

	A	B	C	D
1	业务员姓名	时间	业绩（万元）	排名
2	张强	2019年3月	8.00	6
3	李奇	2019年3月	8.00	6
4	王寒乐	2019年3月	14.33	2
5	赵丽	2019年3月	19.67	1
6	罗梦	2019年3月	12.33	3
7	吴爽	2019年3月	10.00	5
8	陈学东	2019年3月	7.33	8
9	李小双	2019年3月	10.67	4

图10-65 完成函数计算

10.2.9 如何高效复制公式

 小强

当不同的表需要应用相同的公式时，可以**通过复制粘贴公式的方法，将表中的公式快速应用到另一张表**。如果需要在同一张表中复制公式，可以**将鼠标放到有公式的单元格右下角，当鼠标指针变成＋时，单击这个按钮就能快速复制公式到其他单元格中**。无论以哪种方式复制公式，公式复制后所引用的单元格都会自动发生相应的改变。

下面以【复制公式.xlsx】文件为例，讲解如何跨表复制公式、在同一张表中复制公式。

Step01：复制公式。如图10-66所示，❶在【1月奖金统计】表中，❷选中【E2:F2】单元格区域，按【Ctrl+C】组合键进行复制。

Step02：粘贴公式。如图10-67所示，❶切换到【2月奖金统计】表中，❷选中【E2:F2】单元格区域，❸单击【粘贴】菜单中的【公式】按钮，就能以公式的方式进行数据粘贴。

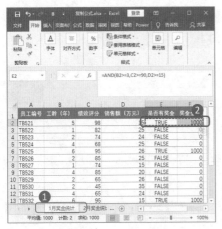

图10-66 复制公式

图10-67 粘贴公式

Step03： 往下复制公式。如图10-68所示，选中【E2:F2】单元格区域，将鼠标放到区域右下角，当鼠标指针变成 ✚ 时，单击这个按钮。此时下方需要使用公式进行运算的单元格便快速填充上了公式，并完成了公式运算，结果如图10-69所示。

图10-68 往下复制公式

图10-69 完成公式复制

技能升级

无论是按住鼠标左键不放，往下拖动复制公式，还是通过单击 ✚ 按钮复制公式，都有相同的快捷键。**按【Ctrl+E】组合键，可以快速进行公式填充复制。**

10.2.10 要想不出错就将公式结果转换为数值

赵 哥

当表格数据中的公式函数比较复杂时，例如在A列进行了复杂的运算，B表中的公式函数又会套用A表中的运算结果。一旦出现错误，就需要检查所有相关的表。而且表格以复杂的公式进行数据存储，还会降低表格的打开速度、运算速度。**将公式函数变成数值，可以用【值】的粘贴方式和【F9】快捷键来完成转换。**

1 以【值】的方式粘贴

将公式函数以【值】的方式在原位置处复制粘贴，是最简单的转换方式。如图10-70所示，❶选中【E2:E12】有公式的单元格区域，按【Ctrl+C】组合键进行复制，❷单击【粘贴】菜单中的【值】粘贴方式按钮，就可以在原位置处将公式转换成运算结果的数值。

图10-70 以【值】的方式粘贴公式

2 用快捷键来转换

如果只有单个单元格中的公式需要转换成数值，可以在编辑状态下按【F9】键进行转换。如图10-71所示，双击【F2】单元格进入公式编辑状态。按【F9】键，结果如图10-72所示，【F2】单元格中的公式变成了数值。

	A	B	C	D	E	F
1	业务员	1月	2月	3月	4月	总销量
2	张强	71	107	263	267	=MAX(B2:E2)
3	李奇宏	100	142	238	84	238
4	王国	114	173	284	94	284
5	赵奇	288	59	174	89	288
6	罗梦	115	256	199	153	256
7	刘磊	213	93	263	285	285
8	李享	251	249	201	72	251
9	赵孟	55	253	160	159	253
10	周文	146	106	165	57	165
11	陈学东	182	256	104	249	256
12	李小文	146	157	295	162	295

图10-71 进入编辑状态

	A	B	C	D	E	F
1	业务员	1月	2月	3月	4月	总销量
2	张强	71	107	263	267	263
3	李奇宏	100	142	238	84	238
4	王国	114	173	284	94	284
5	赵奇	288	59	174	89	288
6	罗梦	115	256	199	153	256
7	刘磊	213	93	263	285	285
8	李享	251	249	201	72	251
9	赵孟	55	253	160	159	253
10	周文	146	106	165	57	165
11	陈学东	182	256	104	249	256
12	李小文	146	157	295	162	295

图10-72 按【F9】键